走自己的路

从容选择 你的人生

李梦婷 编著

煤炭工业出版社
·北京·

图书在版编目（CIP）数据

走自己的路，从容选择你的人生 / 李梦婷编著. ––
北京：煤炭工业出版社，2019（2021.5 重印）
　ISBN 978 – 7 – 5020 – 7317 – 6

　Ⅰ.①走… Ⅱ.①李… Ⅲ.①人生哲学—通俗读物
Ⅳ.①B821 – 49

中国版本图书馆CIP数据核字（2019）第053768号

走自己的路，从容选择你的人生

编　　著	李梦婷
责任编辑	马明仁
编　　辑	郭浩亮
封面设计	浩　天
出版发行	煤炭工业出版社（北京市朝阳区芍药居35号　100029）
电　　话	010-84657898（总编室）　010-84657880（读者服务部）
网　　址	www.cciph.com.cn
印　　刷	三河市京兰印务有限公司
经　　销	全国新华书店
开　　本	880mm×1230mm$^1/_{32}$　印张 $7^1/_2$　字数 150千字
版　　次	2019年7月第1版　2021年5月第2次印刷
社内编号	20192462　　　定价 38.80元

版权所有　违者必究
本书如有缺页、倒页、脱页等质量问题，本社负责调换，电话：010-84657880

前 言

在我们的人生中，我们的一生都在做人做事，要把人做好，把事做好，就需要有大智慧。这里所说的大智慧，不是指那些为人处世的小技巧和小聪明，而是指那些具有指导意义的人生哲理和行为准则。

我们只有掌握人生的大智慧，我们才能在待人接物方面做到心境平和，面对成败才能宠辱不惊，才能创造更加完美的人生。

对于每个人而言，人生只有一次。有的人一生过得很充实，成功、幸福和快乐也对他格外青睐，而有的人却恰恰相

反，为什么会是这样呢？这主要是由一个人的智慧所决定的。你拥有多少梦想，拥有什么样的智慧，你就会有什么样的人生。

目 录

|第一章|

人生是什么

人生是什么 / 3

人生的价值是由深度去衡量的 / 8

首先是"道",然后是创造 / 12

贝伦德如何挣钱 / 16

先要给予,才会获得 / 20

正直的人格是一种伟大的力量 / 24

善良是人生的丰碑 / 28

人生要有掌舵的准备 / 31

知道你是谁 / 35

和"每个自我"对话 / 41

打开心门 / 44

走自己的路，从容选择你的人生

|第二章|

选择正确的人生

选择正确的人生道路 / 53

选择什么样的人生 / 58

选择适合自己的发展道路 / 62

生活中的选择哲学 / 67

学会放弃 / 71

不要盲目地放弃 / 76

该放手时就放手 / 81

目 录

|第三章|

人生哲学

学"假装哲学" / 87

人生没有完美 / 92

不要太贪婪 / 100

人生不必苛求 / 103

你创造了自己的人生 / 108

走自己的路，从容选择你的人生

|第四章|

人生箴言

享受人生的悠闲 / 117

一切都会过去 / 121

享受困难与挫折 / 126

制怒 / 132

远离恐惧 / 144

告别忧虑 / 154

停止抱怨 / 164

拒绝冲动 / 173

越成功的人越谦虚 / 182

目 录

| 第五章 |

做情绪的主人

不要显露你的情绪 / 187

做情绪的主人 / 191

消极情绪有损健康 / 198

保持积极情绪 / 202

调动自己的积极情绪 / 206

善于控制情绪 / 212

管理消极情绪 / 224

第一章

人生是什么

第一章 人生是什么

人生是什么

"人生是什么?"一个读者来信问道,"我为什么会在这儿?为什么偏偏是我?我来到这里干什么?别人告诉我要相信这、相信那,我便强迫自己去相信。整个人生就是一个谜语,我却找不到答案。"

质问人生和人世间的万事万物到底是什么没有用。我们必须忠实地接受它,当然你也可以全然不接受。我所说的"忠实",并不是一系列的教义(也不仅指在开始阶段),而是顺其自然地接受它,无论是现在,还是将来。

问问自己,是不是还生活在懵懂中,在昏迷的世界中不愿醒来?走进你的内心深处,去找一找久违的自己吧!在通

往自我灵魂的纯净世界中，你会真切地发现自己的渴望，发现自己的热情和创造，发现自己的美丽梦想！找到真正的自己，你将会迎接一个全新的生命旅程！

记得上初中的时候，一次期末考试刚过，整个班的成绩都非常不好，大家都垂头丧气。正好美丽的女老师过来上课，她走上讲台，看看大家，问了我们一个问题："同学们，你们知道为什么鱼在那么狭小的鱼缸里，还是每天摇头摆尾，游来游去的，十分快乐吗？"

同学们你看看我，我看看你，没有一个人说话。

老师说："因为鱼的记忆是非常短暂的，仅仅有七秒，七秒过后，之前所有的一切它们都忘记了，于是它们游过的每一寸水域又都成为崭新的了！在崭新的起点上，它们有着自己崭新的梦想，由于心中保有这样的梦想，所以它们永远活力四射，快乐、鲜活地游来游去！"

当时虽然年纪小，但老师的话语却深深地印在了我的心里。

后来读大学，学心理学课程的时候，我跑去图书馆搜索了好多关于鱼的记忆力的研究书籍，可是始终没有定论。

有科学家说："不要被海底总动员那只健忘的鱼误导

第一章　人生是什么

了,鱼的记忆力惊人,肯定不止七秒。以色列工学院三名学者博阿兹·锡安、阿萨夫·巴尔基和伊兰·卡普拉斯开展了一项实验:每次喂鱼时用扬声器播放某种声音。训练一段时间后,只要听到这种声音,鱼就会回来吃食。一个月后,科学家们把鱼放入自然水域,让它们任意畅游。经过四五个月,三人再次播放最初训练时的声音,鱼又循声而来。说明经过五个月,鱼还记得这个声音。"

查尔斯·斯特尔特大学陆地、水域和社会研究所助理研究员凯文·沃布顿十多年来一直从事鱼类研究,他说:"鱼能够记住猎食对象类型数月时间。一旦它们遭捕食者攻击一次,之后就知道躲避这类捕食者,这种记忆也可以维持数月时间。而鲤鱼上钩被抓后,至少一年都会躲着鱼钩。"

还有很多说法!为什么不一致呢?不同的答案在很长一段时间内一直在我脑中盘旋。

然而,忽然有一天,鱼的记忆力的问题不再让我纠结。我忽然明白了,那是美丽女老师宝贵的人生体验,她将这样的人生体验告诉我们,是希望我们能够理解,能够明白:我们应该活在当下,把握现在。

用我们的整个生命来聆听自己，聆听自己内心的呼唤，让自己真正地、完全地活在当下！那么无论你做什么事情，打扫卫生，工地上劳作，你的心中都将会生发出一颗理解和接纳的种子，这颗种子将会发出新芽，开出美丽的花朵，结出智慧的果实，我们的整个生命也将获得力量，获得成长！

生活中我们总有让自己懊悔的事情，我们总有对未来这样那样的担心，或是沉醉在未来中，总是疲于奔命地追赶着时间的脚步。然而，我们却是对当下视而不见！即使我们的懊恼、担心、幻想已经完全占据了我们当下的时间，我们却浑然不觉。这样的恶性循环让我们既无法看清过去的事实，也无法把握未来的种种，更无法把握当下的一切！当然这并非是说我们不要回忆过去或是展望未来，只是说当过去的经验和未来的梦想对当下我们所做的一切丝毫没有借鉴意义时，何必要思考这些浪费我们宝贵时间的事情呢？活在当下才是我们把握自我、快乐生活的人生秘诀！

生活的法则至高无上，我们不能拒绝它，只能看着它缓缓前进，等待它的神秘面纱逐渐揭开。生命是为了什么？为了生活？当然我们只能依据自己内心的最高原则来进行生活。

歌德是正确的。我们来到这个世界并不是为了解决种

第一章　人生是什么

种困惑，只是要发现我们的责任，履行我们的责任。宇宙间的其他事物与我们无关，宇宙不是我们创造的，也不需要我们去帮助运行。我们由于某种神秘的原因来到这个世界，甚至没有得到我们自己的允许。这就好像生命本身在与我们对话，把它的挑战摆在我们面前：

"接受我吧。把你最好的东西存到我的账户上吧，我根本不需要理解和诠释。我的价值就在于我本身，同时也不需要他人来证明。我所铺设的道路并不艰难，但如果你能够把握线索，你就会发现，拥有我是值得的。"

生命是（也应该是）每一个人生信条的基础。生命的意义应该从生命本身中寻找，它并不存在于各种抽象的哲理之中。如果一个人不能发现生命的线索，无论他活多少年，都是毫无意义的。他知道，他必须真实、公正并且友善，否则，生命就会发酵。

对真实、公正和友善的学习是一件慢活儿，但这是我们的工作。如果你致力于此项工作，你就会在其中得到满意的收获。它会使你充满活力，它会对你进行教育。

投入生活吧，尽自己的全力愉快地投入生活吧！劳神费力地去思考那些虚无缥缈的问题是毫无用处的。

人生的价值是由深度去衡量的

不经历风雨，怎么见彩虹。从来就没有哪些懒惰闲散、好逸恶劳的人能够取得大的成就。只有那些在达到目标的过程中面对阻碍全力拼搏的人，才有可能达到全面成功的巅峰，才有可能走在时代的前面。对于那些没有勇气去面对困难的人，对于那些从来不敢尝试接受新的挑战，那些无法迫使自己去从事对自己最有利却艰辛繁重的工作的人来说，他们永远不可能取得大的成就。因为成功之路从来都不是随随便便就可以走出来的。

逆境是成长必经的过程，能勇于接受逆境的人，生命就

第一章 人生是什么

会日渐茁壮。

每个人都应该对自己有一个严格的要求,不能一有时间就去无所事事地打发宝贵的时光。不要等到岁月流走之后,才去思想曾经走过的路是有意义还是没有意义;不要等到中年时候,才去思考年轻时如果找点事情做,或许现在自己已经成功了;不要在不该开花的时候开花,不要在果子没熟的时候采摘果实,违背自然规律的事情,注定是没有好结果的。

很多人之所以会失败,是因为心中没有伟大的理想与切合实际的目标;绝大多数胸无大志的人之所以失败,是因为他们太懒惰了,身上根本就不具备成功的素质与条件,所以他们不可能成功。他们不愿意从事艰辛的工作,不愿意付出代价,不愿意作出必要的努力。他们所希望的只是过一种安逸的生活,尽情地享受现有的一切。在他们看来,何必要去拼命地奋斗、不断地流汗呢?何不享受生活并安于现状呢?如果在一个人的脑海里,存在这种思想,他的一生注定是平淡的,除非他改变思维,重新来过。

生活中到处都可以见到这样一些人,他们有着最精良的设备,具备一切理想的条件,他的言行让身边的人感觉他似乎正要整装待发。可是,他们却迟迟不肯挪动脚步,所以,

走自己的路，从容选择你的人生

他们并没有抓住最好的时机。发生这一情况的原因就在于在他们心中没有动力，没有远大的抱负来支撑他们努力勇敢地走下去。

大家都知道，如果一块手表有着最精致的指针，镶嵌了最昂贵的宝石，在人们眼中它无疑是珍贵的。然而，如果它缺少发条的话，它仍然一无是处，没有任何价值。同样，人也是如此，不管一个年轻人受过多么高深的教育，也不管他的身体是多么地健壮，如果缺乏远大志向的话，那么，不管他所有其他的条件无论是多么优秀，都没有任何意义。契诃夫说：我们以人们的目的来判断人的活动。目的伟大，活动才可以说是伟大的。这个目的其实就是一个人心中的抱负。

1961年，苏联驻南极工作站唯一的医生得了急性阑尾炎，在那冰天雪地的南极，不可能指望有什么人前来援助，怎么办？如果自己病倒了，其他科考队员的生命出现问题了怎么办？科考工作还要继续进行下去，自己是绝对不能出现问题的。这位医生以坚强的意志和非凡的毅力，决定自己给自己做切除阑尾手术，终于把自己从死神手中夺了回来。

这是一个真实的故事，这说明了人类能够拥有非常坚忍的意志力，意志的作用也是非常强大的。当然，人的意志也

第一章 人生是什么

不是天生就有的,它需要人们在实践中去磨炼,尤其是要在战胜困难与挫折中去提升。这时候,支持心中力量的就是远大的理想。远大的理想与抱负是战胜困难的强大动力。

一个人的意志坚忍性如何,遇到困难是打退堂鼓,还是战而胜之,与这个人是否有崇高的理想抱负有直接的关系。一个有理想、有抱负的人,不管遇到什么艰难困苦,都会坚忍不拔、坚定不移地朝着既定目标迈进。因为在他们心中,理想抱负是人生的最大价值,为了实现自己的远大理想,吃再多的苦、流再多的汗,也是值得的。

首先是"道",然后是创造

我们一般都认为,心理学是新兴的科学,对于它们的研究是从19世纪下半叶才开始的。不过,如果我们翻开《圣经》,就会发现里面有许多蕴含深奥哲理的心理学知识。这是当今的教科书都能以匹敌的。

雅各为了与拉班结婚而同意为拉班服务7年,但却中了岳父的诡计而不得不再服务7年。而在他已经服务了14年,想要回乡的时候,拉班求他再待一段时间,还同意将自己的羊群中凡是有斑点的都挑出来作为雅各的薪水。

而在雅各同意之后,拉班却把羊群中所有符合条件的羊

第一章 人生是什么

都藏了起来,这样,雅各就拿不到工钱了。

但是,雅各早就有自己的办法了。其实,他在答应拉班的时候就已经打算好了。那么,他是怎么做的呢?

雅各拿来杨树、杏树、枫树的细枝,将这些树枝的皮剥掉,使枝子露出了白色,再将这种枝子对着羊群,插在羊饮水的水槽里,羊来喝水的时候,有些羊就在这里交配,然后生下的有斑点的羊。

用同样的方法,雅各拥有了许多羊,并且还有了仆人、骆驼以及其他财产。

英国有一种杜鹃鸟,非常懒惰,它甚至不愿意抚养自己的孩子。为了传宗接代,它就在其他鸟出去觅食之际,在它们的蛋上做上标记,然后给自己的蛋也做上同样的标记。其他鸟回来后,分不清哪一些蛋是自己的,只好全部都孵化出来。

据说,中世纪的教徒也在他们的身上涂满了与钉在十字架上的耶稣一样的标记,从而获得了如同上帝一样的形象。

一个养子的身上长出了与养父母的亲生子一样的标记,而这个亲生子在养子出生前几个月就夭折了。因此,这对父母非常满意,他们认为这个养子就是亲生儿子投胎再生出来

走自己的路，从容选择你的人生

的。但是，在我看来，养子其实是母亲对亲生儿子形象的寄托。儿子的夭折让她悲恸欲绝，于是，她收养了这个孩子以填补心中的空缺，并强烈地想把养子的每一个动作都看成是亲生儿子的动作。新生儿子在她心中的形象如此之深，以至于她在养子身上也看到了亲生儿子的形象。

《圣经·新约》中的第一句话："万物有道。"什么是道呢？道就是我们内心的一种形象。建造一座大楼之前，建筑师首先要在心里勾画出大楼的蓝图；在做任何事情之前，你必须首先明白自己想要干什么。

再回到《圣经·创世纪》，在这里，你会发现上帝在创造万物时，首先创造了道，接着才是物质形式。听一听神的旨意吧，神说："要有光，要有天空，要按照我们的形象造出人。"

科学家告诉我们，语言表达我们的思想。你可以根据一个民族的语言判断出这个民族的心智发展程度；你可以用一个民族所使用的词汇量来衡量它所表达的思想。词汇越少，表达的东西就越简单。

因此，当上帝说"让地球长满草"的时候，他的心中已经有一个蓝图了，他早已勾画出了地球的模样了。正如《圣

第一章 人生是什么

经》中所说的那样,"上帝创造了天空和大地,以及田地里的第一棵植物"。

而这也正是你所需要的语言力量的物质形式。首先,在心里勾画出你想要的东西,然后把它们细致地描绘出来。最后,用你的双手去创造,把它展现给大家。

那么,你想要什么呢?健康、幸福,还是金钱?

对于一个健康的人来说,你要首先剔除生命中的每一种不协调,严格控制你的那些消极思想,把这给养所依靠的力量抽出去,就像刺破气球一样摧毁你那些病态的思想。

然后,设想曾经被疾病入侵过的器官恢复完美时的样子。你一定要把这种状态设想得非常清晰,就好像你已经亲身感受到了它们。接下来,用你的双手去把完美景象得以展现的因素准备齐全。

首先有道,然后才有创造。如果没有心中的道,创造就如无本之木。心中勾画出蓝图后,就像它已经实现那样去做,用自己的双手将它实现。

走自己的路,从容选择你的人生

贝伦德如何挣钱

对于财富来说,也是同样的道理。如果你想要获得财富,想要摆脱生活中债务的纠缠和烦恼,那么你就要从自己的内心世界开始。你要相信,上帝与你同在,他能够创造无穷的财富。你是上帝的后裔,他每时每刻都在关心着你的生活,所以,他怎么忍心让你长期遭受贫穷呢?

怎样才能摆脱贫穷、创造财富呢?坐着不动能等来上帝的恩赐吗?当然不能。这一切需要你坚持不懈地努力。如果你有十美分,那么就可以利用它开始你的伟大设想。如果你有了这种设想,那么现在开始实施它吧,即使你只能迈出第

第一章　人生是什么

一步。只要你一开始，上帝就会赐予你接着前进的动力。记住，首先是道，然后是创造。如果没有信念，就没有创造。

但是，怎样才能展示你的信念呢？那就是尽量迅速地利用每一个因素，就如同它们已经展现出了自己一样。你是否读过吉纳维芙·贝伦德挣得两万美元的故事呢？对于她成功之前的处境，不管从哪种角度考虑，她都不可能挣那么多钱的。就让我们来看看她是如何成功的吧。

"每天晚上睡觉之前，我都要在脑海中呈现一次两万美元钞票的形象。因为我的目标是去英格兰拜特罗华德为师，需要两万美元才能实现我的目标。我每天夜里都想象着自己在清点那20张1000美元的钞票。我想象着20张1000美元的大钞足以使我到英格兰去，我设想着我的未来，看到了自己在买船票，并上了轮船的甲板。然后从纽约抵达伦敦。最后，特罗华德接受了我，我成了他的一个学生。"

"这部自编自导的'电影'，在我每天晚上睡觉前、每天早上起床时，都要放映一遍。特罗华德那令人记忆犹新的话语，'我的思想就是上帝的一个活动中心'，我一直牢记在心。我从来不去担心如何得到这笔钱，只想着自己已经有

这笔钱了,我始终想着这件事,让这种潜在的力量帮我找到途径。

"一天,我走在街上,并做着深呼吸时,特罗华德那句话再次进入到了我的脑海:'我的思想就是上帝的一个活动中心。'如果上帝的这股力量总是存在的话,那么,它一定在我的心中。如果我需要一特种部队钱去探寻生命的真谛,那么,我就一定会拥有这笔钱,并拥有生命的真谛。尽管我暂时还看不见它们,但是,它们必将来到我的生命里。我不断提醒自己:'它们一定会到来。'

"就在这里,我内心深处突然冒出一种想法:'我自己就是存在的所有物质。'接着,从我脑子的另一个方向似乎传来了答案:'是的,万物都有它的思想本源,包括金钱和别的东西。'此时,我有一种特别自信的感觉,认为生活将赋予我所有的力量。此前所有关于金钱、老师甚至我的性格的烦恼一下子消失了,取而代之的是满心的愉快和轻松。

"我继续迈着脚步,心里充满了甜蜜与快乐,这使我觉得我周围的一切都闪着欢快的亮光。更令人惊奇的是,与我

第一章　人生是什么

擦肩而过的每一个路人看起来也都像我那样快乐。所有的自我意识都消失了，取而代之的是不断的快乐、轻松与满足。

"从那天夜里，当我再次在心中放映那两万美元电影的时候，一切影像都变了。以前，我觉得自己是在朝心中某一个目标而攀登；而这一次，我没有感到一点儿吃力。我只是在轻松地数那两万美元钞票。后来，我也不知道怎么的，那笔钱就真的出现了。

"就在那两万美元刚一出现时，我使自己保持平静，不仅注意了它们到来的方向，还仔细留意了在那个方向的每一个细节。由于事物环环相扣，于是，我就这样一步一步地得到了那两万美元。"

走自己的路,从容选择你的人生

先要给予,才会获得

幸福的获取跟快乐、成功一样,也来自于给予。

在人类社会中,法律干预着人类所有的活动。但是,再苛的汗毛也不会禁止你给予。你可以随心所欲地给予,这种无私给予的结果,就是你将有很大的收获,就像播种一样。给予的同时要不求回报,你帮助他人,他人就会同样地回报你。

种瓜得瓜,种豆得豆。你要把生命中的每一点儿仇恨、抱怨、忧虑都清除掉,用幸福来取代它们。然后再将这些幸福奉献给那些你爱的人。在心中想象它们,然后,使你内心的力量开始工作,帮你找到机会,使那些你所爱的人更加幸

第一章 人生是什么

福。

在任何一个可能的机会上都要展现自己,你要牢牢抓住它们。无论这些机会多么小,你都要充分利用它们。比如,你可以说一句使人高兴的话,或者给别人一个慈祥的微笑,或者使别人产生一种幸福的感觉。

这些微不足道的机会,只要你善于把握、抓住、利用,你就会得到成倍的幸福。

我们也可以说,每个人都是一个小型的太阳,他的周围和环境都是属于他的太阳系。如果是债务、疾病和烦恼成为这个系统的一个组成部分,那么,我们该怎么做呢?答案自然是清除它们。如果你希望被幸福的行星围绕,你又如何能够得到它们呢?你就要像太阳那样,先把自己的光和热散发出去。

你要清楚地意识到,没有东西可以不透过你的光芒而进入你这个太阳系。如果某种东西来自于外界,那么它就不是你的。而且,除非你在心里已经抓住了它,并接受它,把它看作是你一个部分,那么,它是不会对你产生任何影响的。如果你不想要它,那么你可以拒绝接受它,拒绝相信它的存在。

如果你的太阳系中缺乏某种东西,那么你可以创造出你

心中的景象。然后，认真描绘那个景象，使它清晰可见。

如果你不幸福失去了能力或者处于非常困难的境地，那么这绝对是你自己造成的。正如美国作家、哲学家爱默生所说："任何外在的环境和条件都不能左右你的人生。"

你之所以会害怕这些外在因素，是因为你相信它们。只有当你相信它们的时候，你才会赋予它们力量的权力。如果你不相信它们，而是相信自己的内心世界的力量，那么，外在的环境和条件都不会影响到你。

记住，你是自己的太阳系的中心，你主宰自己的太阳系。这个太阳系里面有什么存在，完全是你自己决定的。你可以选择你要的东西，拒绝不喜欢的东西。除了缺乏理解和信念，有什么障碍存在于你和你的目标之间。

但是，一旦你发出了寻求需要的信号，你就必须对想要的结果保持坚定的信念。如果你因为暂时没有找到满意的工作、有挣得足够的钱偿还债务，或者碰到其他的困难就恐惧、忧虑，那么你是不可能成功的。引力定律不能同时带来美好和痛苦。但是，它带来什么是由你自己决定的。

莉莲·怀廷说："一旦你确定了自己的目标，那么这个实现只是一个时间问题。正如哥伦布在没有航标的水流上找

第一章 人生是什么

到了一条环球的通道，他是通过事先的展望实现的。展望在先，它本身就决定了未来的实现。"

你是否敢每天对自己说："我变得越来越富有了。"如果你敢这么说，那么你就会根据这个目标，展望你所想要拥有的财富。这种精神力量将引导你走上富有之路。

上帝在创造人类的时候，就让人类主宰着自己的命运，让他们成为自己人生之帆的船长。如果你不行使船长的权利，那么你就是在偷懒。你没有支配你的思想和灵魂，而是让它们屈服于一些渺茫的事情。

如果你行使上帝赋予你的权利，去爱，去祝福，那么就没有什么事情让你不开心。从本质上讲，万物都是美好的，这种美好的实质将回应你的祝福，并且回报于你。

正直的人格是一种伟大的力量

时间会磨灭一切,但时间为什么没有磨灭林肯的伟大英名,却使其流传千古呢?原因在于林肯一生从不侮辱自己的人格,从不践踏自己的声誉,总是那么正道而行,总是那么洁身自好。

像林肯那样人格永远受人敬仰、名字永远被人传颂的人,历史上确实难寻几个。这就证明了一句话确实是真理:"正直的品格的确是世间最伟大的力量之一。"

一个年轻人在刚踏入社会的时候,如果他就下定决心要树立优秀的品格,以之作为成功的基础,以后做的每一件

第一章 人生是什么

事情，都不允许背离这个人格，这样的话，他即使不会成为百万富翁并声名远播，也总不会失败。但是，品格卑下、道德沦丧的人，是绝不可能办成真正伟大的事情的。

高尚的人格和道德，是成功最坚定的依据，但大部分年轻人并不明了这一点，他们往往更注重手段和阴谋诡计，却不重视正直人格的塑造。老板们之所以要诚信，代表着市场和效益。当人们一看到或听到这个人的名字，就想起他的诚信如直布罗陀的海底岩石一样万年不变时，人格的伟大力量就体现出来了。

许多可怜的年轻人明知故犯，我行我素，还企图依靠手段和阴谋诡计，去取得事业上的成功，这些人真是冥顽不化、无可救药。当然也有相当多的年轻人，并不试图依靠不正当不道德的方法，而是一心以其正直人格去工作，他们取得的成功才不愧是成功，才真正能体现人格的力量。

实际上，成功的要素中本来就包含着诚信、公正和正直。这些优秀品质，统统体现于林肯身上，他若没有这样的人格，真的很难想象他怎么能作出如此伟大的功绩。

我们都应该认识到在我们身上都有一股巨大的人格力量，这种力量让我们不被金钱所迷惑、被武力所吓倒。我们

每个人,都应不惜一切甚至生命去成全我们的人格。要知道,有史以来凡成就伟大事业的人,不论怎样的诱惑或威胁也不出卖自己的人格的,即便是巨额的金钱、高贵的地位和富贵,甚至死的威胁。

一天,一个显然做错了事的人去找林肯做他的辩护律师,并求他假造证据,林肯严词拒绝了:"我绝不会做这种事,如果你我这么做,我将在法庭上下意识地宣布:'林肯不可信,他是个无耻的骗子。'"

如果一个人整日生活在虚伪的言行中,蒙着善良的面皮却干着非法的工作,这样他的良心就会鄙视、嘲讽甚至抛弃自己,他经常受到良心这样的责备:"你这个骗子,你这个无耻之徒。"

总之,虚伪会腐蚀人的品格,破坏人的战斗力,最终会完全摧毁人的自尊心和自信心。不管你的面前摆着多少金钱,或是其他诸种难于抗拒的诱惑,你也万不可做出违背人格的事,你不要太执着地追名逐利,这会使你才能尽失、人格丧尽,成为可怜虫。

我请大家记住:不管我们干的是什么工作,或是律师,或是医生、商人,或是职员、农夫,或是政治家,我们都不

第一章 人生是什么

能忘记,我们首先是在做"人",人应该具有高尚正直的人格,其次才是我们要在工作中干出成绩。唯有如此,我们的生命和事业才具有更大的价值。

善良是人生的丰碑

从前，有个国王非常溺爱他年幼的王子，王子要什么，国王都会千方百计地满足他。可是王子却总是皱着眉头，闷闷不乐。国王很发愁，说谁能让王子高兴有重赏。

这天，一个魔术家来到王宫对国王说他可以使王子快乐起来，国王欣喜万分，并承诺只要能使王子快乐起来，他愿意答应魔术家的任何要求。于是，魔术家把王子带到一个密室，并用神秘物在白纸上写了几个字，并把纸交给王子，叫他在暗室里点燃一根蜡烛放在纸下面，看看纸上会有什么，说完便离开了。

第一章 人生是什么

王子照着魔术家的指点去做了,纸上的白字突然变作耀眼的蓝色,并出现了九个字组成的一句话,那就是:"每天为人做一件善事。"王子依照魔术家的劝告做了,果然不久就变得快乐起来了。

人活着,只有有助于人,真诚待人,才可以得到他人的帮助和尊重,才能获得真正的快乐。

一位哲学家一次问他的学生:"世界上最可贵的是什么?"学生们争先恐后地各抒己见。最后一个学生站起来答道:"世界上最可贵的是善良。"哲学家高兴地点点头:"的确,'善良'二字包含了你们所有的答案。因为善良的人于己可以自安自足,于人则是可亲的朋友、可信的伴侣。"

善良、忠诚、坦率、慷慨,都是极宝贵的财富,比千万家产有价值。拥有这种财富的人,即使没有一分钱的资本,也能做出杰出的成绩来。

如果一个人能够全心全意地去为他人服务,他的将来必定有大的发展。人生没有比和气、善良更宝贵的美德了。

给别人鼓励和帮助,同样也可以带给自己收获。通常,一个人给他们的鼓励和帮助愈多,从他人处得到的收获也就愈多,而那些吝于对人给予同情、帮助的人,同时也把自己

推入了孤独无助的境地。其实，有时只需要几句鼓励的话语便可以造就许多成功者。

人性中最大的弱点之一就是猜忌，总是误会他人，妄断他人，对他人有过多的指责。我们应该明白，即使是在恶人中，也可能会有一两个善人；即使在守财奴中，也可能出一两个慈善家；即使在懦夫中，也能跃起一两个英雄。

很多人总是因为自私，而看不见他人的长处。其实，要看到他人的长处，须以善良来待人。用不怀好意的态度来对待他人，是不可能发现他人长处的。

世界上有很多纪念碑专门塑给那些爱人者、助人者的，如果这些纪念碑是用大理石或古铜塑成的，那么这些丰碑就塑在他人的心中，尤其是受助者和感动者的心中。

第一章 人生是什么

人生要有掌舵的准备

我们每个人都有这样的体会，在小时候，每个人的梦想都很大，每个人都敢去想。雄心抱负通常在我们很小的时候就初露锋芒。但是，如果我们不注意仔细倾听它的声音，不给它注入能量，如果它在我们身上潜伏很多年之后一直没有得到任何鼓励，那么，它就会逐渐地停止萌动。原因其实很简单，这就像许多其他没被使用的品质或功能一样，当它们被弃置不用时，它们也就不可避免地趋于退化或消失了。

人的思想是一种很奇怪的东西，你只有经常不断重复一件事，然后，不断重复地去做一件事，你才能把它做好，

这是自然界的一条定律。只有那些被经常使用的东西，才能长久地焕发生命力。一旦我们停止使用我们的肌肉、大脑或某种能力，退化就自然而然地发生了，而我们原本所具有的能量也就在不知不觉中离开了我们。这其实就是人的一种惰性，身体上的懒惰懈怠、精神上的彷徨冷漠都会造成对一切放任自流的倾向，产生总想回避挑战而过一种一劳永逸的生活的心理——所有这一切便是那么多人默默无闻、无所成就的重要原因。

歌德说："你若要喜爱你自己的价值，你就得给世界创造价值。"

对于任何一个人来说，不管自身的条件是多么的艰苦，现在所处的环境是多么恶劣，只要他保持了高昂的斗志，热情之火仍然在熊熊燃烧，那么他就大有希望。但是，如果他颓废消极，心如死灰，那么，人生的锋芒和锐气也就消失殆尽了。

如何保持对生活的激情是人生最大的挑战之一，远离毫无目的的生活，远离没有抱负的日子，确定奋斗目标，永远让炽热的火焰燃烧，并且保持这种高昂的境界，你就一定会获得成功。

第一章　人生是什么

　　但是，理想和抱负也是需要多种养料来浇灌滋养的，这样才能保持它四季长青，蓬勃常新。抱负还要切合实际，空虚的、不切实际的抱负没有任何意义。只有在坚强的意志力、坚忍不拔的决心、充沛的体力，以及顽强的忍耐力的支撑下，人们的理想和抱负才会变得切实有效，并能达成自己的抱负。

　　东汉末年，年轻的鲁肃（吴国名将）领着一批游手好闲的人又在打猎玩耍了。几个白胡子老汉站在村口，摇头叹息："老鲁家活该破败，养了这么个败家子。"

　　鲁家本是当地的世家大户，广有钱财。在年轻时，鲁肃的父母死了，之后他便放下诗书，舞枪弄棒，骑马射箭。他不但自己玩，还把附近游手好闲的人招到家里，给吃给穿，银钱花得像流水似的，好端端的家业眼看就要被他这样挥霍一空。但是，这样做也有一个结果，就是鲁肃他也得个"礼贤好士"的名声，另一个好处就是他锻炼得结结实实的身体。

　　其实，鲁肃这样做也是有原因的。因为他生活在汉末的社会，矛盾重重，天下将乱，所以他决心练好身体和武艺，

准备以后为国出力,这正是他眼光远大、怀有抱负的这种表现。在不久出现的军阀混战中,他能组织村中百人保护乡亲父老,接着渡长江,投奔孙权,屡屡建立战功。后来,他当了"奋武校尉",统领东吴的兵马,成为一代名将。

对那些不甘于平庸的人来说,养成时刻检视自己抱负的习惯,并永远保持高昂的斗志,这是完全必要的,要知道,一切都取决于我们的抱负。一旦它变得苍白无力,所有的生活标准都会随之降低。我们必须让理想的灯塔永远点燃,并使之闪烁出熠熠光辉。

第一章　人生是什么

知道你是谁

　　认识别人容易，认识自己却很难！你是谁？你认识自己，了解自己吗？正如那古老的寓言中所说，人生在世，每个人的脖子上都挂着两只袋子，前面装的是别人的过错，这过错摆在自己的面前，看得清清楚楚，真真切切；背后装的是自己的过错，既看不见，也不容易感觉到。如果我们每个人都能够经常打开自己背后的那只袋子，看看自己，那么，我们便能真切地认识自己，认识"我"了。认识了自己，也便能以此设立正确的人生目标，把握自己的命运了。

　　"我是谁？"每个人在这简单又复杂的人生哲学问题上

都会不知所措。因为我们关注内在的自我少之又少。

"什么动物早晨四条腿走路,中午两条腿走路,晚上三条腿走路,腿最多时最无能?"

你知道这个谜语的谜底吗?

这个谜语出自古希腊神话故事《俄狄浦斯王》,叫"斯芬克斯之谜"。

在古希腊神话故事中,斯芬克斯是个狮身人面的女妖,她每天坐在忒拜城堡附近的悬崖上向路人提出一个谜语——"什么动物早晨四条腿走路,中午两条腿走路,晚上三条腿走路,腿最多时最无能?"过路人必须猜中,如果猜不中,就要被她吃掉,无数人为此而丧生。最后,一个叫俄狄浦斯的青年猜到了答案,谜底是人。

这个谜语把一个人的一生浓缩为一天的经历,婴儿呱呱坠地,一开始只能在地上爬,成年后两条腿走路,老年的时候,步履蹒跚,要借助拐杖才能走路。所以是四条腿——两条腿——三条腿。

如果你能站在每个人一生的角度来认识你自己,这个谜语就非常容易了。

"斯芬克斯之谜",是古希腊哲学家普遍认识人类的最

第一章 人生是什么

高智慧——人，必须反思和认识自己！

梁漱溟说："人类不是渺小，是悲惨；悲惨在于受制于他自己。深深地进入了解自己，而对自己有办法，才得以避免和超出了不智与下等。这是最深奥的学问，最高明最伟大的能力和本领。"

人生来总是受着有形和无形的制约，社会、传统、风俗、知识等等我们所了解的一切，都影响着我们，奴役着我们。唯有静心才能真正让我们认识自己，让我们的心变得敏锐。也只有摆脱了外在所有的束缚，没有丝毫东西可以约束自己的心灵，才能调动全身所有器官来觉知自己当下的力量。也只有在这样的状态中，你，才成为了你自己真正的主人！

生命的本质是舒展，而非抑制。舒展自己，将生命的每一个潜力释放，让我们的生命回归自然的轨道上。

我们每个人一生都会经历三个阶段，"你应""我要""我是"。但在我们幼年时，由于我们和父母生活在一起，就会感受到非常的幸福；当我们成长到青少年时，我们就会通过自己的努力，而实现自己的人生价值；当我们到成年时，由于我们已经有了一些人生的阅历，就会给自己形成一种幸福状态，我们把这种幸福状态宣布为"我是"而体味

喜悦。一些人"我是"的状态来得很迟,几十年,甚至一辈子都过去了,还一直都在"你应"的状态中。随着成长一些人的自我意识有所转变,从"你应"过渡到了"我要",一直处于"我要"的状态中。还有一些人则很早就开始了"我是"的征程,在这些人眼里,"我是一切的根源"。

是的,你是一切的根源!

认识到这一点,你便自知了,便找到了自己的人生定位,知道自己在什么时候应该做什么,应该追求什么,放弃什么。自知了也就活得明白了,活的真实了。西方有一句谚语:如果一个人知道自己想要什么,那么整个世界都会为之让路。

那么不自知呢,不自知就导致自己活不明白,人生在世几十年,不知道自己要干什么,想干什么,干了些什么,更无所谓幸福、快乐和成功了。

从前,有一个僧人去禅师道场参学。他到的时候,禅师正在锄草,突然草丛中钻出一条蛇,禅师见状举起锄头便砍。僧人见了很不以为然,说道:"我一直仰慕道场慈悲的道风,然而今天到了这里,却只看见一个粗鲁的俗人。"

禅师说:"像你这么说话,到底是你粗,还是我粗?"

第一章 人生是什么

僧人仍不高兴地问道:"什么是粗?"

禅师放下锄头。

僧人又问:"什么是细?"

禅师举起锄头,做出斩蛇的姿势。

僧人不明白禅师的意思,说道:"你所说的粗细,真让人无法了解!"

禅师反问道:"且不要依照这样说粗细,请问你在什么地方看见我斩蛇?"

僧人毫不客气地道:"当下!"

禅师用训诫的口气道:"你'当下'不见到自己,却来见到我斩蛇做什么?"

僧人终于有所省悟。

那么,你呢?

多少年来,我们在妈妈的汤食下长大,在老师和尊长的教导中成长,在前人的圣贤书中一步步走向前方,我们总是活在他人口中的世界里,我们总是说:"请告诉我,这是什么,那是什么?"那么我们自己呢?作为个体人的"我"究竟是什么?

有个声音在告诉你:"请先认识自己!"

也许你有着万贯的家财,也许你有着很高的学历,然而,如若你不认识自己,你也仅是一个有着万贯家财,有着高学历的愚笨之人!

认识了自己,人就有了灵性,有了自我的目标,有了自我的创造,所有的一切都带着自己的创造力。

打开围困自己的笼子,生命才可以如自由的鸟儿般飞翔,灵魂才可以畅快地欢笑。打开自我设置的牢笼,让你自己走出来吧!走出来,你才能感受生命巨大的能量,感受自己飞翔的灵魂,体会幸福、完满的生命!

每个人不妨问一问自己:我是谁?当你能够给出自己一个满意答案的时候,你也就活出了自己,你的人生也就真正地开始了。

第一章 人生是什么

和"每个自我"对话

  每个人的镜子里都有一个自我的影像,他(她)或漂亮,或娇小,或高大,或魁梧,我们每天都要审视几遍这个镜子里的自己,上班之前看看自己是否衣着得体,逛商场的时候看看自己穿上某件衣服是否光鲜亮丽,去约会的时候更要反复观察自己是不是足够吸引对方的注意……

  我们总是尽可能地让别人眼中的"我"更符合他人或环境的标准。我们把生活中所获得一切精神和物质上的美好都献给这个我,让他亮丽照人,给他美味佳肴,让他获得周围人的赞扬,使他得到社会的认可。

这个我，就是别人眼中的自己，可以被他人所认识、所评价的那部分。

然而，我们还有一个"我自己"，它存在于我们隐秘的内部，或善良，或邪恶，或娇羞的一个家伙。别人无法完全深入地看见"我自己"，也无法深入地了解"我自己"。

镜子里的自己只是供他人和外界所审视的一个形象，内在的"我自己"才是神秘的不可测量的个体的本源。

很多时候，我们会分辨不清镜子里的自己和"我自己"，会迷惑或彷徨，那个踩着高跟鞋游离于各色人群中间的我是"我自己"吗？那个在会议室和领导争得面红耳赤的几近疯狂的家伙是"我自己"吗？那个在单位雷厉风行干练果断的我是"我自己"吗？那个胆小懦弱不知道如何表达的我是"我自己"吗？

于是，我们在寂静的午后，一个人在阳台的躺椅上静静思索，深深寻找，将镜子里的自己远远抛掉，思索"我自己"，寻找"我自己"……

有的人会发现，镜子里的自己原来就是我自己，有的人会对自己说，噢，不，那个只是镜子里的我，不是我自己……

我们的思维常常会抛离原来的轨道，在镜中除了我和我

第一章 人生是什么

自己之外，还有一个理想中的我常常映现，我们希望自己拥有不老的容颜，我们希望自己拥有钱钟书般犀利的文笔，我们希望自己有巴菲特的财富……

"每个我"之间常常出现矛盾，如何协调三者的关系？

尽可能地找到"我自己"。我们的生命终将会走到尽头，所有或美丽或浮华的外表终将散去，镜中的自己将会如风雨般消散，永久留下的是"我自己"，是由内在灵魂散发的气息，它承载着我们生命的终极意义，任凭风吹雨打，犹如磐石般坚挺屹立！

让镜中我和"我自己"没有太大差距。当一个人长久地游离于我自己之外，它会感觉疲惫，感觉不被理解，感觉无法发挥自己的强项，那么，尽可能让镜中我拉近和我自己的距离。那么，你的内心也会愈来愈和谐。

让理想中的我基于现实，理想中的我是为了让"我自己"更好地发展，当理想中的我基于现实，且符合社会要求和期望时，会指导"我自己"积极适应并作用于内外环境，从而使"我自己"获得快速发展。

我们协调好了三者的关系，那么我们就是一个自我形象健康而明确的人。

走自己的路,从容选择你的人生

打开心门

每个人的一生都是在忙忙碌碌中度过,我们追求名誉,追求财富,追求幸福。我们有着自己的个性和优点,我们努力奋斗,努力让自己满意和幸福,过上理想中的生活;我们也不可避免的有着这样那样的缺点。然而,在你终其一生的追求中,你觉得令自己感觉更加美好、更加快乐的是什么呢?怎样的成功对你来说更重要呢?说得更确切一些,你如何感觉自己是成功的呢?如何去感觉自己的快乐和幸福呢?

答案就是,打开你的心门。心门是世界上最难打开的一扇门。唯有敞开我们的内心,睁开我们的心眼,我们才能看

第一章 人生是什么

清自己,找到自己,进而更好地看清这个世界,在这个世界中找到自己的一席之地。

静下心来,问问自己:"什么对自己来说才是最重要的呢?"不要在自己老了的那一天,才发现,自己倾其一生所追逐的,只是别人眼中的美好和成功!

现实生活中,很多人难道不是这样吗?被所在的环境所同化,被周围其他人的观念所影响,盲目地去追求一些东西,却忽略了自己内心最想要的,或是根本不知道自己到底需要什么,内心里最想要什么。往往是"别人觉得好从而自己也觉得好",真是这样的吗?你有问过自己的内心吗?人和人是不一样的,对别人来说好的东西,可对自己来说却未必是那样。其中的一部分人终有一天会发现,自己内心里所相信的最重要的东西和他一直以来被影响、被告知的所谓的最重要的东西,是大相径庭的,这时才恍然大悟,真正认识了自己,了解了自己,"噢,原来这才是真实的我!这才是我真正想要的东西!"而另一部分人,终其一生,都生活在别人的世界中,生活在别人所认为的或美好或成功或幸福中,他花费一生时间也没有活出自己。这难道不是一种人生的悲哀吗?

走自己的路，从容选择你的人生

打开心门，找到对自己来说最重要的东西，才会让我们的言行和心灵和谐一致，人生的路才会越走越通畅；否则，忽视我们的内心，总是追逐着他人的追逐，我们往往将自己丢入痛苦的深渊，感受不到内心的快乐和幸福。我们可以做自己的第一名，为什么要跟着别人后面做第二名或者第N名呢？

心是人身上最难管理的一样东西，打开心门，找到自己，人生才不会有遗憾。

或许有的人会说，我知道什么对自己最重要！那就是内心一份平实而温暖的爱情！

可是，当你发现身边人都穿着漂亮的衣服、鞋子，过着舒适的生活，而你却只能朴朴素素时，你非常郁闷，你充满抱怨，你变得易怒，"我为什么要生活在这样的生活中？你看某某还不如我优秀、漂亮，为什么却过着富有的生活？我再也不想过这样的生活了！"这时，你还会说，平实而温暖的爱情最重要吗？很显然，不是。你对拥有财富、对优越物质生活的反应明显大过了平实的爱情。这时，对你来说，最重要的是财富，财富赋予你的优越的物质生活！你无法拥有它，所以你变得充满抱怨，变得暴躁，变得忧虑。这个"你"是因为当前财富不能满足自己而变得忧虑和愤怒的外

第一章 人生是什么

在的那个你。于是，这样的愤怒和忧虑让你使尽自己的浑身解数去追逐财富，追逐财富带给自己的优越生活，你离内在的那个认为平实而温暖的爱情最重要的那个你越来越远。

如果在你心中真的觉得平实而温暖的爱情最重要，你认定了那个人，那么你的言行就会和你的内心和谐一致。面对当前生活的窘迫，面对其他人富有的生活，你会表现得内心平和，而毫不在意。面对自己当前的爱情现状，你的内心会发出积极的、充满力量的反应。因为你想要的只是你和她的一份平实的爱情，而不是其他。

其实，上帝赐予每一个人真正去理解自己的机会，他会用他自己的方式告诉你，让你知道什么对你才是最重要的！而你对人对事的反应，正是别人评价你如何做人做事的重要指标！而凡世中的我们，却常常对上帝的美意视而不见。因此，出现我们上面说的情况，有些人终其一生都没有活出本真的自己！

现实中，我们常常追随着外在的那个我，将内在的自我隐藏在心底最深处，不断打压着他，使得他不得动弹，无法翻身，以致到最后，我们已经忘记了还有这样的一个我，而这样的你才是真正的你，那个人才明白对自己来说最重要的

走自己的路，从容选择你的人生

东西是什么，才能真正让自己走向成功，走向快乐！

早晨，一位妈妈一边慵懒地收拾东西，一边略带烦躁地和爱人商量着什么。

"妈妈，快点，要迟到了，今天我有好多的事要办呢！"一个五岁的小女孩催促着妈妈。

"知道了，慢点，看车。"略带轻蔑之意的一声轻笑接着从这位妈妈的嘴里蹦出来，"多大的孩子，搞得好像比我还忙。""我很忙吗？"她好像是下意识地反问了自己一句。"我在忙什么？"那位妈妈突然像被闪电击中了，脚步一下子停住了，"一个五岁的小女孩，生命为何如此的积极，而我这所谓的大人为何如此这般消沉、迷茫？"

是啊，一个五岁的小女孩，内心单纯，毫无杂念，清澈的心灵使她毫无挂碍，她清楚地知道自己要做什么，想做什么，并且努力地去完成，而正是这样的内在和外在的和谐，使得她拥有着旺盛的生命力，顽强的战斗力！多好的一面镜子啊！把我们成人的内心世界毫无保留影射了出来，无尽的欲望，无穷的杂念，战战兢兢，患得患失。欲望、恐惧侵蚀了我们的内心，这样的我们如何站起来去追逐我们想要的美

第一章 人生是什么

好，想要的成功，想要的幸福呢？好好拿出一块抹布，把内心擦亮，让外面的阳光照进来，让我们看清自己的内心！

打开自己的心门，追随自己的心灵，一个人的潜力才会被最大限度地发挥出来，被无限制地释放，他才会在所从事的事业中做得游刃有余，在生活的航道上顺利前行，才会过得更加幸福和快乐。因为，他的生命回到了自己的轨道上，在自己的轨道上才能挥洒自如，毫无羁绊！

打开你心灵的外壳，生命才可以展翅高飞，灵魂才可以开怀大笑。扒开紧紧箍住自己的厚厚的外壳，让心灵走出来吧！这个你有着非凡的力量，有着自我的主张，他让你驰骋，令你翱翔；他给你快乐，让你舒张自己的翅膀！

打开自己的心门，跟着灵魂的翅膀飞翔，才能真正融入生活，品尝幸福，才能真正走进生命，体味生命的巨大能量。如果有一天，你从痛苦中走出来，你感受到了幸福的光芒，品味到了成功的喜悦，我猜，你一定是打开了自己的心门，看到了完整的自己，听从了自己内心的呼唤！于是，你拥有了美满而丰盛的人生！

第二章

选择正确的人生

第二章　选择正确的人生

选择正确的人生道路

只有你自己，才是你人生命运的主人，选择自己的路，才能更接近自己的奋斗目标。

下面这个故事是现实当中比较常见的，说不定也曾发生在你的身上。

我有两个邻居，她们都是年纪很大的老奶奶了，平时这两位老奶奶都很节省，但是她们都在为同样的一件事而烦恼。左边的老奶奶从来不吃剩饭，只吃刚煮的。而右边的老奶奶总是把刚煮的饭放下面，先把上次吃剩的吃完再吃新煮的，可是当她把剩饭吃完后，新煮的饭又剩到下次去了，又

成了剩饭。左边的老奶奶和右边的老奶奶这两种不同的人，她们都不快乐，右边的老奶奶每天都在说，她吃的饭总是剩饭，就没有哪一天吃的是刚煮的，而左边的老奶奶总是会在心里想，为什么我吃的饭只会越来越差，而不会越来越好呢？这是什么原因呢？

其实原因很简单，右边的老奶奶只有回忆，她常用以前的东西来衡量现在，所以不快乐；而左边的老奶奶刚好与之相反，可她同样不快乐。可是为什么两边的老奶奶不能换个角度来想想，例如：我已经吃到了最好的葡萄，有什么好后悔的啊；我所剩下的饭和以前的相比都是最好的，为什么我还要给自己找不开心呢？如果两位老奶奶能这样想，那么，她们的生活也不会如此不快乐了。

这其实就是生活态度的问题，一个人有什么样的选择，他就会有什么样的处世态度。如果一个人不能选择正确的生活态度，那么他一辈子也不会得到幸福和快乐。如果把自己的心浸泡在后悔和遗憾中，痛苦必然会占据你的整个心灵。

说到此处，我们不能不提到一个人，这个人就是项羽。

项羽出身于楚国的贵族。公元前209年，与叔父项梁杀死

第二章　选择正确的人生

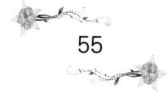

秦会稽郡，响应起义，得精兵八千，渡江北上作战。后项梁战死，秦军因困围巨鹿，宋义、项羽率军救援。

公元前207年，项羽杀死畏敌不勇的主将宋义，破釜沉舟，渡过漳水，经过激战，终于大破秦军。项羽被推为诸侯上将军，从此，项羽成为反秦斗争中叱咤风云的英雄和领袖。

项羽坑杀降卒20万人，消灭了秦军主力。攻入咸阳后，处死秦王子婴，焚烧宫室，分割天下，自立为西楚霸王，定都彭城。项羽的分封引起了一些握有重兵的将领的不满，其中以汉王刘邦为主。项羽与诸王的争霸，主要是楚汉争霸。

楚汉战争初期，项羽屡次打败刘邦，还曾俘虏了刘邦的父亲和妻子。项羽虽然神勇无比，但有勇无谋，缺乏远见，刚愎自用，不听良言，以致许多有才能的人如陈平、韩信等人受刘邦重用，尤其是韩信后来率兵攻城掠地，占领了项羽的后方。项羽在争霸战争中逐渐处于劣势。

公元前203年，项羽与刘邦相持不下，双方以鸿沟为界，项羽引兵东归，刘邦却乘势发动进攻。第二年，刘邦会同各军包围项羽，项羽连战失利，退至垓下，遭受十面埋伏，在四面

楚歌中溃逃重围，最后单枪匹马到达乌江。有人划船接他过江，项羽想到当年率八千江东子弟渡江起义，如今仅剩他一人，自感无颜以见江东父老，于是拒绝过江，自刎而死。

楚霸王项羽"力拔山兮气盖世"，"生当做人杰"，可是，到了最后还是落得个自杀身亡的结果。这说明了什么？说明了项羽在选择人生时没有看到未来，人们不是常说"胜败乃兵家常事"，如果项羽能够忍耐一些，经过自己的痛定思痛，说不定还可以东山再起。

上面两个故事，能给我们带来什么启示呢？看完以后，我们是否意识到了这一点：人生一世，必须在自己的生命中认识到自己最为重要的东西是什么。然而，这个问题很多人都没有真正地去理解，有人说金钱，有人说名声，也有人说快乐、幸福，其实他们所说的都不是完全没有道理。但是，我们更应该意识到生活中最重要的东西是生命。生命是最重要的，当你的生命结束了，你所拥有的一切也都结束了，所以，我们首先要对自己所拥有的生命负责。如果，我们对生命给予仔细的照顾，生活就会变成我们所向往的那样。如果我们忽视了自己的生命，生活就会以一种我们不喜欢的样子出现。有一句话是这样说的："既然天地创造了人类，给了

第二章 选择正确的人生

人类生命以及权利,那么,怎样按照自己认为合适的方式去面对生活就是人类自己的事情了。"难道不是这样吗?

每个人的一生就是一场梦,转眼间就已过去,没有谁能长生不老,生命始终有陨落的一天。既然我们来到这个世界上只有一次,那么,我们为什么不让自己快乐一些,生活更加自信一些,不要让自己委屈了自己;我们还应该选择生活得平静一些,而不要总是躁动不安;也应该选择拥有静谧而不是混乱;我们应该选择尽量利用生活,为我们自己,也为我们周围的每一个人,而不要把自己和他人的生命糟蹋掉。我们有选择的力量,让我们尽其所能去利用它。

在社会的大环境中,一个人由于不能正确地找到自己的人生道路,以致不能充分发挥自身的潜能,这是一件很悲哀的事。但是只要认识到这一点,就算晚了一些也仍有东山再起的机会,所以,只要找到正确的人生道路,我们就完全有可能走上成功之路。

走自己的路,从容选择你的人生

选择什么样的人生

对于一个人来说,我们有什么样的选择,就会有什么样的人生。

有三个人要被关进监狱三年,监狱长让他们对自己的监狱生活做出一个选择。

美国人爱抽雪茄,要了三箱雪茄。

法国人最浪漫,要了一个美丽的女子。

而犹太人说,他要一部与外界沟通的电话。

三年过后,第一个冲出来的是美国人,嘴里、鼻孔里塞满了雪茄,大喊道:"给我打火机,给我打火机!"

第二章 选择正确的人生

原来，他忘了要打火机了。

接着出来的是法国人。只见他手里抱着一个小孩子，美丽女子手里牵着一个小孩子，肚子里还怀着第三个。

最后出来的是犹太人，他紧紧握住监狱长的手说："这三年来我每天与外界联系，我的生意不但没有停顿，反而增长了200％，为了表示感谢，我送你一辆劳斯莱斯！"

这个故事告诉我们，什么样的选择决定什么样的生活。今天的生活是由三年前我们的选择决定的，而今天我们的选择将决定我们三年后的生活。我们要选择接触最新的信息，了解最新的趋势，从而更好地创造自己的将来。

巴斯特纳说得好："人乃为活而生，非为生而生。"这就是告诫我们，在人生的道路上，我们要明白，在我们走向人生目标的每一步中，我们都在做出一连串的选择。诚如毕亨利所说的："上帝并没有问我们要不要来到人世间，我们只能接受而无从选择。我们唯一可做的选择是：决定如何活着。"同样，人生中发生的许多事情，通常并不是成功与否的关键，我们选择怎么看，选择怎么想，选择怎么做才是最重要的。

我有一位非常睿智的朋友，他在他的生活经历中总是在实践着这样的话："我只有选择快乐，我才能看到别人的快

乐，如果我都不快乐，他人能从我身上感到快乐吗？"

人们常常会找一堆借口来解释自己为何放弃选择的权利，他们认为自己这样做通常是因为自己的家庭出身、教育背景决定了自己的人生方向。事实上，他们这样想就大错特错了。不说现代，就说在春秋战国时期吧，老子就曾教我们重视做人的权利，他强调："道大，天大，地大，人亦大，域中有四大，而人居其一焉。"

可以这么认为，万物之灵的"灵"及天赋人权的"权"，都是指人类有别于其他生物的这种可以自由选择的莫大潜能。

由此可见，我们并不是依靠任何机遇而活着，而是依靠我们的选择来活着，我们有什么样的选择，就会有什么样的生活。这正如潜能大师安东尼·罗宾所说："人生就注定于你做决定的那一刻。"

几年前，有一位从农村来的女孩来到我们公司，她是一个非常朴实无华的女孩，对工作兢兢业业，认认真真，尽职尽责。但是，在工作之余，她并没有像现代的都市时尚女性，整天去追求一些浮躁的东西，而是选择了学习。

有一次，当我与她交谈起来时，她对我说："自己的

第二章 选择正确的人生

道路必须自己来走,我可以选择一条安稳的工作之路,但我认为这样的人生我不需要,我选择的是学习,因为我想上大学。尽管就目前的情况来说,我还没有这些资格,但是,我相信,通过我的努力,我一定能够实现。"

后来,这位女孩离开了我们公司。两年后,我到北京出差,她突然给我打了个电话,在电话里她告诉我,她通过自学考试拿到了专科文凭,然后又进行了专升本考试,现在已经是某名牌大学的学生了。

这个女孩为什么会成功呢?正是她做出了一个正确的选择,从而赢得了自己的人生。从某种意义上也可以这样说,这个女孩选择了相信没有任何东西会因为其美好而不能长久。美好的事情可以发生,就像糟糕的事情可以发生一样容易。我们必须运用这种力量进行正确的选择,否则,它会使生活与我们的愿望背道而驰。

这就是选择的力量。如果我们做到了一个人连生命都不顾的地步,还有什么可怕的呢?尤其是这个高速发展的时代,我们已经看到,它不断向前发展,开始逐渐掌握改造自然的力量,通过人工的改造,生活将变得更舒适完美。

选择适合自己的发展道路

人不能掌握命运,却可以掌握选择。我们选择了不同的发展旅程,在不同的旅程之中,我们就会看到不同的人生风景。例如,有的人选择做了影视明星,他们就可以感受到在娱乐圈中的生活;有的人选择了做企业家,他们就可以感受到"商场如战场"的人生境遇。另外,如果我们上升到理想的高度,我们也可以这么说,你选择了什么样的理想,你就会有实现这一理想的冲动。理想使人具有百折不挠的精神力量。然而,当人实现这一理想的冲动受挫,就会感到痛苦。

第二章 选择正确的人生

这样看来，在我们的人生历程中，选择的确是决定着我们的发展历程。

苏格拉底曾经给他的学生们出了一道难题，让他们每个人沿着一垄麦田向前走去，不能回头，只能摘一束麦穗，看能不能摘到最大最好的。

对苏格拉底的这道考题，答案不外乎有两种：一种是学生们根据自己平时的经验，先在自己的心里定下一个大体的标准，走上一段特别是在走过一半或三分之二的路程后，遇见差不多的便摘下来。也许这就是最好的，也许后面还有比这更好的，但不能好高骛远，就这样"认了"；另一种答案是一直往前走，总觉得前面会有更好的麦穗。这时要么放弃选择，宁缺勿滥，要么委屈自己，凑合摘一束，而心里却万分懊悔。

这就是一种人生的选择，如果你有一个好的选择，你就能够找到人生的正确航向。

我有一位朋友，他曾经想竞争福建省的一个社会职务，但是，在投票结束之后，他却被人抓住了一个把柄，这个把柄讲的是他在创业初期曾经赖过账、走过私，还开发过劣质

产品骗消费者。这对他的人生产生了巨大的负面影响,只要人们充分利用这个证据,就可以使我这位朋友诚实、正直的形象蒙上一层阴影,使他在当地的影响力黯淡无光。一般人面对这类事情的反应不外是极力否认,澄清自己,但我这位朋友面对这类事件的发生,他并很爽快地承认了自己的确曾犯了很严重的错误,他并说:"我对于自己曾经做过的事情感到很抱歉。我做错了。我没有什么可以辩驳的。"我这位朋友这么做,从而重新树立起了自己诚实正直的一面。当他对新闻记者说完这样的话之后,记者并没有大肆宣扬他的过去,而是充分地肯定了他的诚实,一位记者曾经这样写道:"对于一位现在已经拥有数十亿资产的企业家,他现在能够承认自己过去的错误,能够坦露出自己诚实的一面,能够低下头向社会承认自己的错误,我们还有什么理由不去承认他的正直呢?对于一个能够承认自己过错的人,我们还要跟他没完没了吗?"

后来,当这篇文章刊登之后,众多反对我这位朋友的对手们开始对他投来信任,他们也认识到,如果还要对我这位朋友继续进攻,反而显得自己没有一点儿风度。

第二章 选择正确的人生

所以,我们应记住一个基本原则:一个人既然已经承认错误了,那么你就不能再去攻击他,再去跟他计较。

所以,只要我们学会了选择,我们就不会被他人所左右。

我有一位朋友是云南省陆军学院学吹萨克斯的,有一次他受云南军区的委托来到北京参加萨克斯表演。在表演前他对我说:"从一开始的时候,我们就要对自己的人生做出选择,我们不要因为其他人的观点而左右我们的发展,每个人都要有一个理想,并且要明白,这个理想是通过许多小的成功来完成的,是通过许多细节的进步来达到的。"

他出生在云南的一个农村,从8岁时就开始学习音乐,随着年龄的增长,他对音乐的热情与日俱增。但不幸的是,他的听力却在渐渐地下降,医生们断定这是由于难以康复的神经损伤造成的,而且到20岁他将彻底耳聋。可是,他对音乐的热爱却从未停止过。

尽管医生做出了这样的诊断,但他对自己的人生目标并没有失去信心,他认为:只要自己做出了选择,就应该义无反顾地去实现自己的目标,哪怕前面是刀山与火海,也要去拼搏。于是,他决定不要因为医生的一个诊断就耽误自己的

人生目标,他要努力,要奋斗,要成为一名音乐家,于是他进入了云南陆军音乐学院学习。

后来,在学习的过程中,他以一种积极乐观的态度去面对生活,面对人生,也没有受自己到20岁就要耳聋的影响,他一如既往地追求着音乐。

在他刚踏入20岁的第一天,他到昆明人民医院进行了诊断,医生却告诉他,他的听力根本没有任何失聪的现象。当他对医生说明了过去的一切后,医生却告诉他,正是他选择了积极的生活方式,他的耳朵已经好了。

得到这样的结论之后,他更加地努力,他致力于成为一位杰出的音乐家。至今,他已经在音乐界获得了成功,因为他很早就下了决心,不能仅仅由于医生诊断他会完全变聋而放弃追求,因为医生的诊断并不意味着他的热情和信心就不会有结果,他的听力也许会因为他有一个积极的人生态度而得到痊愈。

第二章 选择正确的人生

生活中的选择哲学

在人生奋斗中，不慎跌倒并不表示永远都无法站起来，唯有跌倒后，失去了奋斗的勇气才是永远的跌倒。这就看我们如何去选择了，我们若以平常心对待之，失败本身也就不足为奇了。一个人若没有经历过失败，他就难以尝到人生的苦涩，因此，也无法认识到生命的底蕴，也就不可能进入真正的幸福之境。

《老子》一书中说过："名与身孰亲？身与货孰多？得与失孰病？是故甚爱必大费，多藏必厚亡。故知足不辱，知止不殆，可以长久。"这句话的意思是，人的一生之中，名

声和生命到底哪个更重要呢？自身与财物相比，何者是第一位的呢？得到名利地位与丧失生命相衡量起来，哪一个是真正的得到，哪一个又是真正的失去呢？所以说，过分追求名利地位就会付出很大的代价，你庞大的储藏，一旦有变则必受巨大的损失。追求名利地位这些东西，要适可而止，否则就会受到屈辱，丧失你一生中最为宝贵的东西。

这其实就是一种生活中的选择哲学，毕竟在我们的生活中，鱼与熊掌是不可兼得的，你选择了名利，必然就要损失人性。

当一群朋友在一起聚会时，其中一位朋友曾经问过我们这样一个问题：当你的母亲、妻子、孩子都掉进水中时，你先去救谁。

不同的人给出不同的答案。事后，大家都觉得应该好好地探询这个问题。于是他们就去向哲学家询问，哲学家就不同的答案给出了深入地分析，说明不同人的思想、灵魂、文化深处的重大差异。

但是，一位农民却给出了他的答案。他的村庄被洪水冲没，他从水中救出他的妻子，而孩子和母亲都被冲跑了。

第二章　选择正确的人生

事后,大家对他的这种行为做出了讨论,有的人认为他做对了,也有的人认为他做错了。但是,农民却说,"我当时在救人的时候,什么都来不及想。洪水来的时候,妻子正在我身边,我抓住她就往高处游。当我返回时,母亲和孩子都被冲跑了。"

这个故事给了我们什么样的启示呢?这个故事告诉我们,只要我们对自己的选择做出了行动,我们就要无怨无悔,唯有如此,我们的生活才会过得开心愉悦。

常常有人这样说:"我已经非常努力了,但是,我为什么没有成功呢?我的生活总是很平凡,整天庸庸碌碌地过着。"

是的,也许你已经努力了,也许你已经付出了。但你应该想一想,为什么你的生活还是没有改变呢?是不是从开始的时候,你选择的方向就已经错位了,导致你付出了很多,结果还是没有成功。在这种情况下,只要你用一种平常心去对待,生活也许就会是另外一番景象。

《老子》中说:"祸兮福之所倚,福兮祸之所附。"每个人都拥有潜力去追求更高的成功,都有能力在自我发展及自我成就上突飞猛进,而选择并做出正确的选择,就是这一切的起点。

走自己的路，从容选择你的人生

不论人们明不明白，我们都应该认识到：人不应该为表面得到的东西而沾沾自喜，认识人，认识事物，都应该认识其根本，不要被虚假的东西所迷惑。失去固然可惜，但也要看失去的是什么，如果是自身的缺点、问题，这样的失又有什么值得惋惜呢？如果我们觉得只能庸庸碌碌、随波逐流，这都是选择的结果：选择接受要来的事、选择让它发生、选择为安定而牺牲理想、选择让别人为自己来打算、选择仅仅日复一日地活着。

这一切都是我们应该考虑的问题！

第二章　选择正确的人生

学会放弃

人生有得有失，我们只能朝着一个方向前进，人生的苦恼，有时是因为不会放弃。这就是说，在我们的人生路上，尤其是面临人生重要关口时，我们要选择对了方向，只有方向对了，我们才能朝着一个方向前进。但是，在这个选择过程中，我们可能会面对一些难以取舍的问题，这时就要学会放弃，只有学会放弃，人生才会得到快乐。但是，放弃是有原则的，该放弃的放弃，不该放弃的就不能放弃。

所以，聪明人总是在得失之间及时选择，把一切不利于自己的东西都放弃。同时，在此过程中，他们也深深地明

白：人生有些范畴是完全可以放弃的，而有些范畴又是完全不可放弃的，比如荣誉和利益可以放弃，而权利和义务不应该放弃；观念可以放弃，而人格和尊严则不可以放弃；结果可以放弃，而过程则不可以放弃；情感可以放弃，而责任则不可以放弃；生命可以放弃，而信仰必须坚持。

世上的事，往往相辅相成，拥有之中便有失去，缺乏当中又会有获取。将人生的镜头调到不同的角度，便会产生奇妙的结果。在"没有"之中寻找快乐，就是我们把人生当成一种得与失的循环而顺其自然地寻找其明亮的结果。生活当中，我们不要固执，别总是认为得与失永远只能对立，我们应该换个角度来看，得和失永远是一对孪生兄弟，如影随形。做人不能因为固执而坚守自己已经得到的，也不能因为执着而迷恋已经失去的。

很久以前，有一个富人，他拥有着很多的财富，可是他并不快乐，于是他决定带着他的财富到外面去寻找快乐的地方。

就这样，富人背着沉重的金银珠宝上路了，可是他发现自己走得越远越是烦躁，根本没有他想要得到的快乐。这天，一位农夫唱着歌从田里走了出来，富人看到他如此快乐，就问道："看上去你很快乐，是吗？"

第二章 选择正确的人生

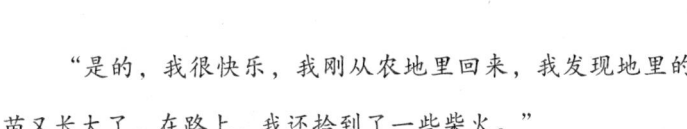

"是的，我很快乐，我刚从农地里回来，我发现地里的苗又长大了，在路上，我还拾到了一些柴火。"

"这是为什么呢？我什么都不缺，我的背上有着这么多的财富，可是我怎么也快乐不起来。"富人说。

"如果你能把背上的财富放下，也许你会快乐起来的。"农夫对富人说完就走了。

富人很快顿悟，是啊，自己背着那么沉的金银珠宝，腰都快压弯了，而且一路上还担心强盗的抢夺，夜不能安睡，日不能不防，整天忧心忡忡，这样能快乐吗？

于是富人只留了一些银票，其他的都分发给了穷人，他也慢慢快乐了起来。

大部分人在大多数的时候都不是快乐的。但是，很多时候，不快乐并不是因为快乐的条件还没有到来，而是因为你没去选择快乐。

第二次世界大战刚刚结束，以美国、中国、英国、法国、苏联为首的战胜国决定在美国纽约成立一个协调处理国际事务的联合国。

成立联合国的速度很快，但当他们准备就绪时才发现，

联合国竟然没有一处立身之地。刚刚成立的联合国想买块地吧，可是他们根本就没有资金；联合国成员国给吧，负面的影响又太大。而且大战刚刚结束，哪一个国家不是国库空虚？甚至有许多国家还处于赤字居高不下的情况，对于这样的事情，联合国成员国都很伤脑筋。

成立联合国的消息很快传开了，没有立足之地的消息也传到了那些比较有钱的家族或财团那里，美国著名的家族财团洛克菲勒家族也自然得到了这个消息。几经商议，洛克菲勒家族果断出资870万美元，在纽约买下一块地皮，将这块地皮无条件地赠予了这个刚刚挂牌的国际性组织——联合国。同时，洛克菲勒家族还将送出去的这块地周边的所有地皮全都买了下来。

洛克菲勒家族的做法受到了很多大财团的嘲笑，有人说洛克菲勒家族的做法"简直是蠢人之举"！并纷纷断言："这样经营不要10年，著名的洛克菲勒家族财团，便会沦落为著名的洛克菲勒家族贫民集团！"洛克菲勒家族对这样的说法置之不理。

第二章　选择正确的人生

出人意料的事发生了，联合国大楼刚刚建成不久，它四周的地价便飙升起来，洛克菲勒家族所买的周边土地的地价也翻了几十倍，近百倍。这种结局，令那些曾经嘲笑过洛克菲勒家族捐赠之举的财团和地产商目瞪口呆。

这是典型的"因舍而得"的例子。如果洛克菲勒家族没有做出"舍"的举动，勇于放弃眼前的利益，就不可能有"得"的结果。常言道，有得必有失。任何一个人若要在某一领域有所作为，必须在其他领域显得笨手笨脚。如同把一块上等的木头雕刻成一件工艺品一样，你必须知道哪些部分是必须除去的，才可能做成一件工艺品。否则，什么都想留着，最后得到的只会是一块原封不动的木头。同理，在成就事业方面，我们只有放弃不必要的部分，才能真正地获得成功所必须的哪一部分。要知道，什么都想得到的人，可能会为物所累，最终一无所获。

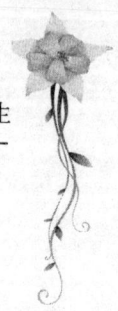

不要盲目地放弃

　　每个人都有着自己不同的发展道路，面临着人生无数次的抉择。当机会接踵而来时，只有那些做出正确取舍的人，才能正确地把握住属于自己的机会。

　　在一个大雨的夜里，有三个人在等公交车，一个是医生，另一个是病人，还有一个女孩。

　　一个人开着车到了这儿，看到了这一幕。医生、女孩他都认识，医生救过他的命，女孩是他想要追求的伴侣。

　　可是他的车只能带一个人走，如果换做是别人一定会去接病人，或者女孩，可是这个人，他把车钥匙给了医生，让

第二章 选择正确的人生

医生带病人去看病,自己和女孩在那儿等车。

这个人的选择感动了女孩,最终投入了他的怀抱。

放弃,对每一个人来说,都是一个很痛苦的过程,因为放弃,也许就意味着不会再有。但是,不放弃又不知道未来将会怎样。这正是人生的无奈之处。所以,我们不要盲目地选择放弃,也不要盲目地选择不放弃。

一个穷人,日子过得非常贫寒,他无时无刻不在梦想着成为富绅,不愿这样贫穷下去。

一位老神仙知道了他的事,于是决定帮他一次,就用大法术在他砍柴的地方放了一箱子黄金。这天,穷人到了那里,当他砍好柴打算回家的时候,他发现了那只装有黄金的箱子。那是一个古香古色的木箱子,他心里"怦怦"地跳,这只古色古香的木箱子,他从来没有见过,他在心里想:只有富贵人家,才能有这样的家什,这只箱子这样好,不知道会有什么宝物在里面。于是,他小心翼翼地看看四周,又故意自言自语地叨唠两句:"谁家的东西放在这儿了?"他的目的就是怕匣子的主人在周围看着。

很长时间过去了,穷人没有发现什么动静,他确定没人

走自己的路，从容选择你的人生

了，于是弯下腰去打开了木箱子。箱子一开，穷人呆了，整整的一箱黄金啊！他在心里又想："我终于发财了，我有了好多黄金。"

穷人把柴放了下来，把箱子捆好，准备运回家去。可是在他搬起箱子的一瞬间，他的脑子里又犯了嘀咕：这么多的黄金能是我这种人可以用的吗？如果让人知道了，他们一定会认为是我抢来的，那样官府一定会找我的麻烦，如果我说不清黄金的来源，那样，我这一介草民，不但会被抄家，还会搭上性命。算了，我还是继续做我的穷人吧！还是命比较重要。

想到这儿，他不但没有了突然得到遇外之财的惊喜，反而深深地陷入恐慌之中。他似乎觉得山林周围有着无数双眼睛在凝视着自己，于是他毛骨悚然，扭头便跑……

老神仙看到了这一幕，也知道了穷人心里的想法，于是在这天晚上老神仙出现在了穷人的梦里。穷人梦见一位白胡子老神仙，将那个装有黄金的箱子推给他，说是对他勤劳的奖赏，而他却不敢接受。待有了勇气伸手去接受的时候，白胡

第二章 选择正确的人生

子老头却变成一片飘向远方的白云。

第二天,这个穷人领着妻子和两个年幼的儿子,又去昨天砍柴的地方,想要搬回那箱黄金,可是到了那里一看,除了蓬蓬蒿草,什么都没有了。

是啊,放弃意味着丧失。人生是一道减法,当然需要不断地放弃,但放弃是有条件的,倘若任何都不再重要,只为放弃而放弃,那在我们的生活就会变质的。所以,在人生中我们一定要学会恰到好处地放弃。

生活是公平的,给予每一个人的都是同样的一座宝库,一样的机遇,聪明的人会选择恰到好处地放弃,选择适合自己应该拥有的,但失败的人就不会这样做了。

有一件事始终影响着拉斐尔,也是这件事才使他比别人更容易走向成功。11岁那年,拉斐尔去湖心岛钓鱼。他和妈妈一起来的,他放好诱饵后,将鱼线一次次甩向湖心,在一段时间内湖面泛起一圈圈的涟漪。他忽然感觉到,竿的另一头沉重起来。这种情况换做任何钓鱼的人都知道是大鱼上钩了,于是他急忙收起鱼线。终于,拉斐尔小心翼翼地把一条竭力挣扎的鱼拉出水面。好大的鱼啊,拉斐尔在那儿大叫,

于是他的妈妈跑了过来。由于当时钓猎鲈鱼是有时间管制的，妈妈看看看表，即离开放的时间还有一个多小时，于是她对拉斐尔说：你得把它放回去，儿子。"

"不，妈妈，我好不容易才钓到这么大的鱼，也许以后都不可能再钓到了！"拉斐尔大声说道。

"不，孩子，还会有别的鱼的。"母亲安慰他。

"真的要放了吗，妈妈？"孩子伤心不已。得到了母亲的认可，拉斐尔环视了四周，他从母亲表情坚决的脸上知道无可更改，于是把那条鲈鱼放走了。鲈鱼抖动着笨重的身躯慢慢游向湖水深处，渐渐消失了。

就是这样的一件事，影响了拉斐尔的一生。后来，拉斐尔成为纽约市著名的建筑师。他也再没有钓到过像那条鱼那么大的鱼，可他却为此终身感谢母亲。因为他知道了什么是应该放弃的，这让他在后来的人生旅程中，通过自己的诚实、勤奋、守法，猎取到生活和事业上斐然的成绩。

学会放弃，体现为人生的机智；而不放弃不该放弃的，更体现为生命的耐力和韧劲。只有懂得什么应该获取，什么应该放弃，人生就会更加美好。

第二章　选择正确的人生

该放手时就放手

在电影《卧虎藏龙》里李慕白对师妹曾说过一句话："把手握紧，什么都没有，但把手张开就可以拥有一切。"这句话就是告诫我们，当我们应该放手时就要放手，不要因为眼前的一些利益或者虚名而紧抓不放，这样不仅浪费了我们的时间，同样也浪费了我们的生命。

有一个故事讲的是非洲土人抓狒狒的一个绝招。他们故意让躲在远处的狒狒看见，将其爱吃的食物放进一个口小内大的洞中。这个洞，刚好可以让狒狒把爪子放进去，但当它们在里面拿着东西或者把爪子握捏起来时，爪子刚好被洞

走自己的路，从容选择你的人生

口卡住出不来。狒狒也很聪明，它要等那些放食物的人走远后，才欢蹦乱跳地出来拿那些食物，它将爪子伸进洞里，紧紧抓住食物，但由于洞口很小，它的爪子握成拳后就无法从洞中抽出来了。这时放食物的人就不慌不忙地来抓获狒狒，根本就不用担心它会跑掉，因为他们都知道，狒狒有一个致命的习惯，当狒狒把那些可口的食物拿到手里时，它们无论如何都不会再把食物放开。当狒狒看到人时，它们会惊慌和急躁，于是，会把食物抓得更紧，就这样，它们的爪子就无法从洞中抽出。

听说过这个故事的朋友都一定会嘲笑狒狒的愚蠢，松开爪子不就溜之大吉了吗？可它们偏偏不！在这一点上，说狒狒似人，亦可说人似狒狒。狒狒的举止大都是无意识的本能，而人如果像狒狒一般只见利而不见害地死不撒手，那只能怪他利令智昏或执迷不悟。

由此，我们不妨想想自己，看一看我们身边的人，你同样会发现，有很多人难道不是因为放不下手中的名利、财富、权力、地位、美人，而落得像狒狒一样的下场吗？

生活的经历告诉我们，机遇和成功并不是只依靠选择

第二章　选择正确的人生

就可以得到的，有时也许要我们抛开一些贪欲，也就是要敢于抛弃一些束缚我们走向成功的东西，这样才能得到长足发展。这正如中国古人所说，舍得舍得，只有舍才能得。人生有时只有放弃一些名利之类的东西，才能获得快活。有时候，我们因希望得到就选择了很多不属于我们的东西，结果连自己拥有的也失去了，审视一下自己所拥有的，我们就可以感受到这一切。

有一家公司的财务总裁挪用公款数额高达5000万元，2004年6月15日被查获归案。一年多后，即2006年3月20日上午北京市第一中级人民法院接受了终审宣判，鉴于陈天晓在案发前归还了全部赃款，法院以挪用公款罪从轻判处陈天晓有期徒刑10年。

从这个案例中可以看出，正因为一些人放不下到手的名利、职务、待遇，有的人整天东奔西跑，荒废了工作也在所不惜；因为放不下诱人的钱财，有的人成天费尽心机，利用各种机会想捞一把，结果却是作茧自缚；因为放不下对权、利的占有欲，有的人热衷于溜须拍马、行贿受贿，不怕丢掉人格的尊严，一旦事件败露，后悔莫及……

第三章　人生哲学

第三章　人生哲学

学"假装哲学"

美国加州大学心理学家艾克曼曾做过一个实验,他要求试验者装出厌恶、忧伤、愤怒、恐惧和快乐等不同表情,结果发现这些试验者的身心也跟着起了变化。当受试者假装自己非常恐惧时,他们的心跳加速了,皮肤温度降低了;当受试者做出微笑,假装自己非常快乐时,内心也表现出欢愉的感觉,表现其他几种情绪时,身心也都有不同的变化。

也就是说,人的行动和感觉是并行的,意识控制行动,行动改变我们的感觉。

如果你觉得自己不开心,不妨试试看"假装开心"。先

走自己的路，从容选择你的人生

给自己一个大大的微笑，双肩放松，深呼一口气，再哼上一首欢快的小曲。一会时间，你会发现，你的忧郁不见了，假装快乐变成了真的快乐，你真的开心起来了。

心理学专家王梓恒说："假装快乐可以迅速调整我们的情绪。心理学研究发现，人类身体行为和心理情绪是互相影响、互相作用的整体。人的某种情绪会引发相应的肢体语言，比如愤怒时，我们会握紧拳头，呼吸急促，快乐时我们会嘴角上扬，面部肌肉放松。然而，肢体语言的改变同样也会导致情绪的变化，当无法调整内心情绪时，你可以调整肢体语言，带动出你需要的情绪。比如你强迫自己做微笑的动作，你就会发现内心开始涌动起阵阵欢乐，所以假装快乐，你就会真的快乐起来。"

这就是汉斯·肆辛吉教授的著名的"假装"哲学。

有一位优秀的小学老师，工作表现一直非常出色，学生们也都很喜欢她。有一天早上，她的心情特别差，可是一会儿就有她的两节课，她心想，怎么能这样去上课，面对自己的学生呢？于是，她站在门口，定了定，练习了下微笑，然后走进教室。课堂上，她笑容可掬，装成心情愉快的样子给学生流畅地讲课，耐心地解答问题。奇怪的是，她的"假

第三章 人生哲学

装"带来了意想不到的结果——她的心情不再抑郁了！

美国心理学家霍特指出，一个人假装拥有着某种心情，模仿着某种心情，最后往往能够真的获得这种心情。

喜剧演员通常会比其他娱乐艺人更长寿，因为喜剧演员要扮演一个角色，往往首先要深入角色中，角色的幽默快乐让他自己也快乐起来，因为他便是角色中的那个人。

美国"成人教育之父"戴尔·卡耐基在其所著的《人性的弱点》中提到过关于"假装"哲学的一个事例，事件的主人公是伊利诺伊州艾姆赫斯的维莉·戈登小姐，她写了一封信给卡耐基，信的内容是这样的：

"我的办公室里有四位速记员，每个人都被分派处理某些特定信件。有时候，我们会被那堆信件搞得头昏脑涨。一天，某部门的助理坚持要我把一封长信重新打出来，我不愿意。我告诉他，信根本不用重打，只要把错别字改正过来就可以。他却说，如果我不做，他照样可以找到人去做！我真气坏了，但不得不重新打字，因为我害怕有一个人会趁机取代我的这份工作，而且公司是付了钱要我工作的。于是我觉得好过些，只好假装自己喜欢这个工作——虽然我假装喜

欢自己的工作，但是，我真的就多少有点喜欢它了。我也发现，一旦我喜欢自己的工作，就能做得更有效率。所以现在我很少需要加班。这种新的工作态度，使大家认为我是个好职员。后来，某部门主管需要一名私人秘书，就选上了我——因为他说，我总是高高兴兴地去做额外的工作！这种心态的改变所产生的力量，实在是我最重要的大发现，也的的确确奇妙无比！"

戈登小姐假装自己对工作感兴趣，这种假装感兴趣的态度使她弄假成真，她真的喜欢这份工作了。这种态度不仅消除了她的烦躁、愤怒，更是让她在部门获得了认可。这样一举两得的事情，我们何乐而不为呢？

马尔卡斯·艾吕斯在他的《沉思录》一本中写道："我们的生活，就是由我们的思想创造的。"一个人如果长时间想象自己进入了某种情绪中，并感受这种情绪时，这种情绪往往真的会到来。因为人的潜意识是不分真假的，你把这种情绪传递给它，它便接受，并按你的要求去执行。情绪变化之后，我们的生理也跟着发生相应的变化。

世界级潜能开发专家安东尼·罗宾说："你有什么样的

第三章 人生哲学

感觉，你就有什么样的生活。"

当你心情烦闷的时候，不防"假装"一下，假装自己很开心。假装自己很快乐，给自己一个大大的笑脸，开心的微笑，不出一会儿你就会惊喜地发现："噢，原来我是一个快乐的人！"之前的烦闷早就跑到九霄云外了。

走自己的路，从容选择你的人生

人生没有完美

人生没有完美，一个时时、事事追求完美的人，就像背着一个沉重、巨大的包裹，一刻不得松懈。人有悲欢离合，月有阴晴圆缺。我们的世界本身就是不完美的，所以不能要求一个人、一件事十全十美。追求完美的性格有时候反而会成为我们前进路上的的绊脚石，我们幸福的终结者。

Roy马上就要40岁了，他决定在40岁后的第一年里娶一位妻子，结束自己的单身生活。他驱车前往市中心的一家婚姻介绍所。门口一位穿着制服的精干的小伙子热情迎接他进门。而后，这边的负责人——一位穿戴精致，名为Alice的女

第三章 人生哲学

士接待了他。Alice看了看Roy,对他说:"现在,请您到隔壁的房间去,那里有许多门,每一扇门上都写着您所需要的对象的资料,供您选择。亲爱的先生,您的命运完全掌握在您自己的手里。祝您好运,找到自己心仪的那位!"

Roy表示感谢后,就直径向隔壁的房间走去。

Roy推开门,里面又出现两扇门,只见,第一扇门上赫然写着:"终生伴侣",另一扇门上则写着:"至死不渝"。Roy非常忌讳那个"死"字,于是便推开了第一扇门。进去后,又出现两扇门,左边的门上写着:"年轻貌美的姑娘。"右边的门则写着:"成熟风韵的妇女和离异者"。毫无疑问,"年轻貌美的姑娘"更吸引Roy。他进入了左边的门。进去后,又有两扇门,左右分别写着:"身材苗条、标准者"、"略微肥胖、体型稍有缺陷者",不用多说,Roy选择了左边的。

一层层进入,筛选,接下来他看到的两扇门的内容是关于对方操持家务能力的,一个写着"擅长烹调、会做衣服、爱织毛衣",另一个写着"喜欢旅游、爱打扑克、需要保

姆"。当然擅长烹调的姑娘又赢得了Roy的心。

他再次推开门进去,然而,还有两扇门,这两扇门记录的是各位候选人的品格和修养,一扇门写着"忠诚、多情、缺乏经验",另一扇则写着"有天才、具有高度的智力"。

Roy想,我已经很聪明了,以我的个人才能足够应付我们的家庭生活。于是,他选择了第一个。进去后,里面的两扇门左侧写着:"疼爱自己的丈夫",右侧写着:"需要丈夫随时陪伴她"。毋庸置疑,Roy需要的是疼爱他的妻子。他推门而入,里面还有两扇门,记录了选择对象的经济情况。一个写着:"有家产,生活富裕,有一幢漂亮的住宅",另一个写着"靠工资吃饭"。没什么好犹豫的,Roy选择了第一个。

Roy推开那扇门,可里面再没门了,在他面前的,是马路。之前迎他进门的穿制服的精干小伙子向他走过来,他递给Roy一个信封,Roy打开信封,看到里面有一张便签,他抽出来,看到上面写着:"您已经'挑花了眼'。世上之人,没有十全十美的。在提出自己的要求之前,应当客观地认识

第三章 人生哲学

自己。"

人生在世,没有谁是完美的,一个人,总是优点与缺点并存,完美的那个人永远只是在你的幻想中,并不存在于现实世界。

遗憾是我们人生中不可避免的一部分。当然,每个人都有成为"更好的自己"的愿望,每个人都有让一件事情"更为稳妥,做得更好"的期望,但是同时,我们也要认识到自身的局限性,我们会努力,会向前,但是很多事情并非在我们的控制之内,我们会成功,也会失败,但不管怎样,我们都该用一颗平和的心去对待,成功了自然高兴,失败了也能坦然面对。这样我们才能在一种平衡中发挥出自身的最大潜力。

心理学研究表明,那些总是追求完美的人与他们将来可能取得的成功的机会往往不是正比关系,而是反比关系。因为一个追求完美的人总是背负着巨大的心理压力,他们总是担心失败,担心做不好,担心出现一点点小意外,担心事情的结果不是想象中那么完美,于是他们紧张、焦虑、压抑,所有这些都阻碍了他们进步。而他们越是如此,反而会吸引越来越多的紧张、焦虑、压抑,使得事情越来越糟。于是,在追求完美的过程中,他们一步步失掉了自我,跌入了完美

走自己的路，从容选择你的人生

的泥潭不可自拔。

有一个出生在一个工人家庭的小女孩，她非常喜欢音乐，并且有着极高的唱歌天赋。女孩的梦想就是当一名歌手。然而，她一直对自己的外在形象不甚满意——一口龅牙。女孩第一次登台演唱的时候，想极力掩盖自己的门牙，于是便尽力将自己的上唇往下扯，可是，她越掩饰越不自然，惹得台下观众大笑，最后自己也觉得无法再唱下去，含泪下台。

看到如此情景，评委中一位资质较深的歌唱家走到后台，对这个女孩说："你的音色很好，可是唱歌的过程中，你一直在试图拼命掩饰什么，我知道你是不喜欢自己的龅牙，对吧？"女孩听了，更加难过了，失声痛哭起来。

歌唱家安慰她说："其实，这有什么呢？我们每个人都是世上独一无二的，只要你自己不觉得有什么问题，自信满满的，放胆去唱，观众也会喜欢你的。说不定，你会因为这口龅牙获得好运呢！"

女孩听了抹抹眼泪，使劲点头。自此之后，她放开歌唱，不再在意自己的龅牙。她的歌声优美动情，赢得了观众

第三章 人生哲学

的喜爱，逐渐脱颖而出，成为有名的歌手。

这个女孩就是卡丝·黛莉，美国著名歌手，她的龅牙同她的名字一样响亮，很多歌迷还称赞她的龅牙非常漂亮。

世界上没有十全十美的人，不要总是紧抓着自己的缺陷不放，甚至拿着放大镜去看待它。一个人应该善待自我，正视自己的缺点和不足，悦纳自己。完美是对自己一种不切实际的苛求，它像一把枷锁将自己牢牢锁住。挣脱了这把枷锁，我们才会活得更加快乐，我们的人生才能前进。很多时候，缺陷也是一种美，像断臂的维纳斯。而且我们自认为的缺陷在我们的平和、自信的心态下，有时候反而会变成我们一种独特的象征，不是吗？

一个人的缺陷并不会成为你前进的障碍，听不到声音的贝多芬不是创造出了犹如天籁之声的音乐吗？高位瘫痪的张海迪不是在诸多领域实现了自己的人生价值吗？还有我们如上所说的满口龅牙的黛莉不是一样成为著名歌手，赢得人们喜爱吗？一个人有无缺陷不重要，重要的是我们要接受自己，正视自己，哪怕世界上没有一个人欣赏自己，自己也要欣赏自己，永远站在自己身边！

美国加州大学伯恩斯教授给我们指明了追求完美的弊端：

（1）使得自己神经高度紧张，有时候甚至连一般的水平都难以达到。

（2）害怕冒险，害怕犯错误，怕一点点的瑕疵影响到自己的形象。

（3）不敢尝试新的东西。

（4）总是苛求自己，生活了无生趣。

（5）精神长期处于紧张状态下，不得放松。

（6）无法宽容别人，吹毛求疵，人际关系不和谐。

遗憾和瑕疵也是我们生活的一部分，对我们来说，遗憾和瑕疵未尝不是另一种收获，另一种美。接受自己的不完美，以一种平和的心态生活，我们会更轻松，更快乐。

奥里森·马登讲过这样一个故事：

从前，一个圆圈的一部分圆弧被切去了，圆圈想保持自己的完整，就拼命地四处寻找遗失的那部分楔子。然而，由于它不完整，所以滚动得很慢。由此，一路上，它享受了阳光，欣赏了花草，还能和蚯蚓谈天说地。

圆圈找了很多楔子，可是没有一个能与自己完美匹配，只能继续寻觅。功夫不负有心人，一天，它终于找到了自己

第三章　人生哲学

遗失的那部分，圆圈高兴极了，觉得自己又完美无缺了。

前进的路又开始了。然而，此时由于它是一个完整的圆圈，所以滚动起来特别快，根本无暇赏花，更不用说跟蚯蚓聊天了。

圆圈觉得它的世界变了，它虽然完整了，却失掉了生命中很多美好的东西。于是，它停下来，将费劲千辛万苦找回的那块楔子丢在了路边，又开始了慢慢地滚动。

完美的人生并非是幸福的人生。一个人真正拥有了所谓的完美的一切，他也就无从体验梦想，体验喜悦，体验苦尽甘来的快乐。

车尔尼雪夫斯基说："既然太阳上也有黑点，'人世间的事情'就更不可能没有缺陷。"缺陷是一个人生命的一节。

然而，人生不可能完美，但我们的人生可以精彩！让我们在不完美的人生中，过得精彩，幸福，快乐！

不要太贪婪

　　大千世界，万种诱惑，什么都想要，会累死你，不要头脑发热，感情用事，做到头脑理智些，用理性去克制自己的欲望，该放就放，只有这样，你才能够感受到轻松而快乐的人生。

　　贪婪的人往往很容易被事物的表面现象迷惑，甚至难以自拔，时过境迁，后悔晚矣！

　　一次，一个猎人捕获了一只能说70种语言的鸟。

　　"放了我，"这只鸟说，"我将给你三条忠告。"

　　"先告诉我，"猎人回答道，"我发誓我会放了你。"

第三章　人生哲学

"第一条忠告是，"鸟说道，"做事后不要懊悔。"

"第二条忠告是：如果有人告诉你一件事，你自己认为是不可能的就别相信。"

"第三条忠告是：当你爬不上去时，别费力去爬。"

然后，鸟对猎人说："该放我走了吧。"猎人依言将鸟放了。

这只鸟飞起后落在一棵大树上，又向猎人大声喊道："你真愚蠢。你放了我，但你并不知道在我的嘴中有一颗价值连城的大珍珠。正是这颗珍珠使我这样聪明。"

这位猎人在听了这只鸟之后，便很想再捕获这只放飞的鸟。他跑到树跟前开始爬树。可是在当他爬到一半的时候，他一不小心便从树上掉了下来，并摔断了自己双腿。

鸟嘲笑地向他喊道："笨蛋！我刚才告诉你的忠告你全忘记了。我告诉你一旦做了一件事情就别后悔，然而你却后悔放了我。我告诉你如果有人对你讲你认为是不可能的事，就别相信，而你却相信像我这样一只小小的鸟嘴中会有一颗很大的珍珠。我告诉你如果你爬不上去，就别强迫自己去

爬，而你却追赶我并试图爬上这棵大树，结果掉下去摔断了双腿。这个箴言说的就是你：'对聪明人来说，一次教训比蠢人受一百次鞭挞还深刻。'"

这只鸟说完之后，便飞走了。

人因贪婪，常常会犯傻般地失去理智，因而不论是什么样的蠢事也都会干出来。所以任何时候要有自己的主见和辨别是非的能力，理智地分析事情的实质，不要被假现象所迷惑。

贪婪是人类当中的一种顽疾，人们极易成为它的奴隶，变得越来越贪婪。人的欲念无止境，当得到足够多的时候，仍指望得到更多。对于一个贪求厚利、永不知足的人，就相当于是在愚弄自己。贪婪是人类一切罪恶之根源。贪婪能使人忘却一切，甚至自己的人格。贪婪令人丧失理智，做出愚昧不堪的行为。所以，我们真正应当采取的态度是：远离贪婪，做到理智地适可而止，学会知足者常乐。

第三章 人生哲学

人生不必苛求

人生一世，说长也长，说短也短，让自己拥有一个快乐的心境最重要，何必苛求太多？庄子说："人之有所不得与，皆物之情也。"没错，很多事情我们是无法干预的，那么，我们能够做的，就是改变能改变的，接受不能改变的。

太过苛求，不仅让我们无法得到想要的东西，有时候反而会使得拥有变成失去。

从前，一个小伙子有一个由黑檀木做成的弓，这张弓不仅漂亮异常，而且射箭射的又远又准。小伙子对他非常爱惜。一天，他看着这张弓想："它的外观有些单调，要是上

面有一些美丽的图案就更好了。"这样想着,第二天他便请艺术家在弓上雕了一幅行猎图。

小伙子望着这张他心中完美的弓非常高兴:"配上这样的一幅图,才是完美的你!"说着,便拉紧了弓,而弓却丝毫不给面子地"咔"的一声断了。

有的时候,对人对事太多苛求,反而让我们失去的更多。保持一份恬淡的心情面对世界,才能活的轻松和快乐。

太过苛求,往往过犹不及,适度最好,可很多人把握不好这个度或是不懂得把握。像于丹在《论语心得》所说的,"花未全开月未圆",才不失人世间最好的境界。花固然是完全开放的时候最美丽,然而花一旦全开,就意味着接下而来的凋谢;月一旦全圆,就必然意味着之后的缺损。而未全开,未全圆,仍使你的内心有所期待,有所憧憬。

也就是说,任何事物"未满"才是它的最好状态。不要总是苛求圆满。

人生在世,很多事情不可能完全按照我们心中的准则和我们个人的意愿来发生发展,对万事看淡些,看开些,人生才能豁然开朗,过得无忧。苛求的太多,人生就缺少了快乐。

对待朋友,对待利益,对待名誉,对待我们人生的起起

第三章 人生哲学

落落,少一些苛求,少一些欲望,让毫无纷扰的心来主宰自己,回归到本真的你。

沙漠中有一支行走的淘金队伍,这个队伍中的大部分人都表情痛苦,步履沉重地前行着,唯有一个人非常快乐,他一边哼着歌,一边迈着轻快的步伐往前走。于是,就有人问他:"你如何做到这般惬意呢?"那个人笑笑说:"因为我带的东西最少。"

是啊,我们生活中,如果能够少一些苛求,放弃一些毫无必要、难以承担的负累,何尝不是一个快乐的人生呢?

生于世间,对人对事平和一些,宽容一些,不要苛求。像周国平所说的"有时候,我们需要站到云雾上来俯视一下自己和自己周围的人们,这样,我们对己对人都不会太苛求了。"

唐代著名的慧宗禅师非常喜欢兰花,在讲经之余花费了很多时间栽种兰花。而慧宗禅师因为讲经时常要云游各地,无法照看兰花。有一天,他出行前,嘱咐弟子一定要看护好寺院的数十盆兰花。

弟子们都知道禅师酷爱兰花,因此侍弄兰花非常殷勤。但一天深夜狂风大作、暴雨如注,偏偏弟子们由于一时疏忽,当晚将兰花遗忘在户外。第二天清晨,弟子们来到花架

前,望着眼前倾倒的花架、破碎的花盆和憔悴不堪的兰花,后悔不迭。

弟子们很害怕,打算等师父回来后,向师父赔罪领罚。

几天后,慧宗禅师返回寺院,众弟子忐忑不安地上前迎候,将事情原委一五一十地告知慧宗禅师,准备领受责罚。没想到,慧宗禅师听了,不仅没有弟子们想象中的勃然大怒,惩罚他们,还泰然自若,神态依然是那样平静安详。他反而宽慰弟子们说道:"当初,我不是为了生气而种兰花的。种草养花,本是为修身养性,娱乐自己,取悦他人;若是因为几盆兰花而发怒他人,伤害身心,岂不是违背了种花的初衷?"

芸芸众生,难道我们是为了生气才来到人世的吗?当然非也。

凡事看得开,看得淡,不要苛求和在意太多,这样才能过得快乐。

有一位老人,80岁的高龄了,可身子骨却硬朗得很,精神也特别好,很多人向老人家询问养生秘诀,老人家笑笑说:"我哪有什么秘诀?不过非要说有的话,我告诉大家一

第三章　人生哲学

点，那就是：忧愁穿肠过，梦在心中留，对什么事情都不苛求。"

老人说，他的生活就是那样子的，简单而快乐。他与人无争，与世无争，但与己有求。从来没想过当什么名人，只是爱好文学，看看书，写写文章，人生足矣。他说："从我三十岁的时候开始，我就放下了很多事情，我觉得人生需要的只不过是一杯清茶，一碗淡饭，何必苛求太多呢？我每天早晨跑跑步，锻炼锻炼身体，然后大部分的时候就是看书写字，生活过得不亦快哉。"

然而，正是老人不苛求的心态让他真正沉淀下来，进行良好的创造，在文学领域取得巨大成就，成为著名的作家。

在这个世界上，带着一颗不苛求的心生活，我们往往能找到更真的自己，发现人生的真谛。

走自己的路,从容选择你的人生

你创造了自己的人生

美国作家琼尼·默瑟说:"生活是你自己创造的,假如你会创造,要努力让它美好。微笑吧,世界光华四照,只要你踏上阳关道,悲伤也会变成欢笑。声名也许跑来找你,也许只看一眼,就转身走掉。爱情会把你等候,看顾你一直到老。你是生活的主人,生活是你自己创造的。"

生活在现代都市的人们,常常很茫然,很无助,充满焦虑感。他们渴望成功,渴望富足,却常常将这样的希望寄托在他人的身上——父母、亲人以及朋友。如果身边的人没有人能够让自己走入这一行列,就会抱怨自己命运不济。为什

第三章　人生哲学

么要将自己的希望寄托在他人身上？你的人生是你自己创造的，不管贫穷还是富有，这都是不可否认的事实。

这个世界上，没有人能代替你思考，没有人能代替你行动，没有人能帮你创造你自己的人生，唯有你自己。每一个人，都应该做自己的主宰，创造自己的人生。

我们应该认清自己的内心，一个人唯有清楚自己的内心，将目标定位在自己身上，知道自己内心到底要什么，才不会被外部因素所左右。

心理学家武志红讲过一个故事：有一群小孩子在一位老人家门前玩耍，叫声连天，接连几天都是如此。老人是一个喜欢安静的人，像这样的聒噪实在难以忍受。于是，他想了一个办法。他走出来给了每个孩子25美分，微笑着对他们说："谢谢你们，你们让这儿变得很热闹，我觉得自己年轻了不少。"孩子们接过钱，非常高兴，第二天他们仍然来了，一如既往地嬉闹。老人再出来，给了每个孩子15美分。对他们说："自己也没有收入，所以只能少给一些。"15美分对孩子们来说也还可以了，他们接过钱，兴高采烈地走了。第三天，当孩子们再来嬉闹的时候，老人只给了每个孩

子5美分。 孩子们突然很生气,说道:"一天才5美分,你不知道我们玩得多辛苦!"孩子们告诉老人说,他们再也不会为他来玩了!

在你的人生当中,你是否也常常为他人而"玩"呢?生活中,如果我们以他人的评价作为自己行动的标准,那么就很容易失去自己内心的主张,被外部事物所控制。因为外部事物我们是无法控制的,我们能够控制的是我们自己。如果我们将外部事物作为自己行动的评判标准,当外部事物偏离我们内心期望的航道,我们就非常容易产生情绪上的改变,充满牢骚,充满抱怨,觉得他人对不起自己,觉得是他人无法让自己快乐,幸福,无法让自己拥有自己想要的东西。这就导致我们会降低自己内心的期望,不好好工作,不好好学习,而这又将直接导致我们的人生越来越走下坡路。恐怕这是我们每个人都不希望看到的事实。

心态是对一个人的成长和成功是非常重要。一个人唯有转变自己的心态,认清自己是为自己而"玩",而不是为他人而"玩"的时候,才能创造积极的人生。

大学刚刚毕业的时候,一个电视公司邀请刘蒙(化名)去主持一个特别节目。节目导播非常欣赏刘蒙的文采,希望

第三章 人生哲学

他能够同时兼任编剧。刘蒙一口答应下来。然而，当节目精彩的录完，要领酬劳的时候，导播找到她，对她说："这是二千的主持费收据，你签收二千，但是我只能给你一千，因为这个节目经费早已经透支了。"编剧费更不用提了，没有！当时，刘蒙没有说什么，直接签字了。心理却非常不甘心。心想："君子报仇，十年不晚。"

后来，那个导播又找过刘蒙几次，刘蒙照样帮他做了。

最后一次的时候，那个导播突然变得非常客气，不但没有扣她钱，还说了很多客套话。原来，刘蒙因为在电视台精彩的主持，被新闻部看重，成为了电视记者兼新闻主播。

这样，刘蒙和那个节目导播就成为了同事，虽然不在一个办公室，却难免常常遇到，每次碰面，那个导播都显得有些尴尬。

刘蒙说，刚刚进到电台的时候，她很想去告他一状，然而她忍住了！她突然意识到："没有那个导播自己怎么能获得主持的机会呢？机会是他给的，他是我的贵人，况且他已经知道自己错了，何必再去报复呢？"

走自己的路，从容选择你的人生

再后来，刘蒙到美国留学，她的一个朋友跟她抱怨自己的美国老板总是给她很少的薪水，而且故意拖延她的绿卡（美国居留权）申请。

刘蒙笑笑，告诉她："这么坏的老板，辞职也好。但是总不能白做这么久，总得从他这学点东西再跳槽！"

那个朋友听从了刘蒙的建议，不但每天加班，努力完成工作，还常常花时间背那些商业文书的写法。甚至连如何修理复印机，她都跟在工人旁边记笔记，以便有一天自己出去创业，能够省点修理费。

半年时间过去，刘蒙问这个朋友："你是不是打算跳槽了？"

朋友居然扑哧笑了："不用！我的老板现在对我刮目相看，又升官，又加薪，而且绿卡也马上下来了，老板还问我为什么态度一百八十度转变，变得那么积极呢？"

朋友心理上的不平早已消失的无影踪，她"报复"了她的老板，得到了更多的薪水，更高的职位，只是换了一种"报复"的方法而已。

第三章　人生哲学

而且，她对刘蒙做了深刻的自我检讨，她说当年是因为她自己不努力！

生活中，这样的事情我们是不是也常常遇到呢？面对这些"歹人"，我们愤怒，我们心有不甘，但是，记住，正是这些不甘，这些愤怒激发了我们的潜能，让我们运用自己所有的智慧去拼搏，去奋斗，去超越自身的一些局限，拥有走向成功的本领。而且，我们要认识到，愤怒也好，不甘也罢，当我们抱怨命运，抱怨生活的时候，很多情况下，问题更多的都出在我们自己身上。一件事情本没有好与坏的区分，关键就在于自己内心的想法，自己是如何认识的，我们的想法决定了我们的人生！正像华语世界首席心灵畅销书作家张德芬说的："亲爱的，外面没有别人，只有你自己。……我们带着什么样的一种态度和情绪去对待别人，别人就会怎么对待你。"所有的外在的人和事物都是你内在投射出来的结果。你的人生也是由你的内在投射和创造的结果。

世界上最好的"报复"，不是去破坏他人的人生和名誉，而是利用自己的"心有不甘"，努力努力再努力，让自己从平庸走向成功！让自己拥有成功后的开阔的胸怀！

美国作家克里斯汀·拉尔森有一段精彩的论断：

走自己的路，从容选择你的人生

"一个人之所以能有所作为就在于他拥有高人一等的思维能力，就在于他总是奋力超越自身局限，努力进入一个更宏大更高尚的心灵世界。他必须要寻找到一个更为广阔的意识领域，那时候他才能成为一个精神上的巨人。他一定要有成功的生活，呼吸着新鲜的空气，感受着成功的精神。只有那时，他才能拥有成功的思维；而只有始终不间断地思考着成功这个命题，他才能不断走向成功。"

家庭、爱人、孩子、事业，所有一切的一切都是我们自己努力的结果！努力超越自身的一些局限，让自己拥有一颗高尚的心，我们就能成为自己精神上的巨人，成为自己美好人生的创造者。

你有怎样的内在心灵，就决定了你能够创造怎样的人生！你是自己人生的创造者！

第四章 人生箴言

第四章 人生箴言

享受人生的悠闲

当我写书以后,多少领略到了一些自由想象的快乐。但是,我对于自由思想的渴望,尤其是对公开表达我的思想的渴望是那样强烈,那样深厚。毕竟,想象的自由和思想的自由,二者并不一样。

一个富翁的富,并不表现在他堆满货物的仓库以及一本万利的经营上,而是表现在他能够拥有足够的空间来布置庭院和花园,或者能够给自己留下大量时间用以休闲。同样,心灵里拥有开阔的空间也是非常重要的,如此,才会有思想的自由。穷人和悲惨的人的心灵空间,完全被日常生活的忧

虑和身体的痛苦占据,所以他们不可能有思想的自由。

除此之外,忙人也有其不幸的一面。凡心灵空间被占据,往往是出于逼迫。如果说穷人和悲惨的人,是受了贫穷和苦难的逼迫;那么忙人则是受了名利和责任的逼迫。名利,也是一种贫穷,欲壑难填的痛苦,具有匮乏的特征,而名利场上的角逐,同样充满生存斗争的焦虑。

人生在世,皆有责任,大致可分三种情形,一是出自内心的需要,二是为了名利,三是既非内心自觉,又非贪图名利,完全是职务或客观情势所强加,那就与苦难相差无几了。所以,一个忙人很可能是一个心灵上的穷人和悲惨的人。我想说的是,无论你多么热爱自己的事业,也无论你的事业是什么,你都要为自己保留一个开阔的心灵空间,一种内在的从容和悠闲。唯有在这个心灵空间中,你才能把事业作为你的生命果实来品尝。如果没有这个空间,你永远在忙碌,你的心灵永远被与事业相关的各种事务所充塞,那么,不管你在事业上取得怎样的成功,你都只是损耗了你的生命,而没有品尝到它的果实。

每天上班,我都要经过这样一条路:它不宽不窄,不长不短,却依然可以看到过往匆匆、或者快乐或者忧伤的人

第四章 人生箴言

流,这让我觉得活着的真实。各种混杂的气息,充满着整个路面,有老者们的漫步,有情人们细细的低语,当然,还有一些不知道是什么,而又无法形容的生活的味道。在这条悠闲的路上,我拥有了不经意的充实。

悠闲,须以我们的切身感觉为证,因为它不只是时间的因素,而是某种特别的心境。通常所说的空闲时间,实际上是指我们感到闲暇的时刻。什么是闲适?感受它,远比说明它更难。这与无所事事或游手好闲无关。等候在客户房间里,自然有空闲时刻,却无闲适之感;同样,我们在火车站换车,即使等上两三个小时,也享受不了那份清福。这两种情形,我们都不会感到安宁和自在,能在这种场合安心阅读、学习或回忆,那是十分罕见的。这时,我们心里总是烦躁不安,仿佛有什么东西在那儿作祟,就像我们在童年时代,不住地踢着那慢吞吞的脚踏车轮胎的情形。

悠闲,意味着不仅有充裕的时间,而且有充沛的精力。同时,要真正领略到悠闲的滋味,必须从事优雅得体的活动,因为悠闲要求发自内心的自然冲动,而非出自勉强的需要。它像舞蹈家起舞,或者滑冰者滑动,是为了合乎内在的节奏;而不像农人耕地或听差跑腿,只为了得到报偿。正是

这个缘故,一切悠闲,皆是艺术。

悠闲,是一种心境。无知无觉,不是真正的悠闲。人有时非常矛盾。一个人本来活得好好的,各方面的环境都不错,然而当事者却可能心存厌倦。对人类这种因生命的平淡,以及缺少激情而苦恼的心态,有时是不能用不知足来解释的。

我曾对住在一座森林公园里的一对夫妻羡慕不已,因为公园里有清新的空气,有大片的杉树、竹林,有幽静的林间小道,有鸟语和花香。然而,他们认为这儿没有多少值得观光和留恋的景致,远不如城市丰富有趣。在这个地方,他们并没有多么悠闲的感受。

熟悉的地方没有悠闲。这对夫妇对这儿太熟悉了,花草树木,清风明月,在他们漫长的日子里,已不再有悠闲的含义,而是成为习以为常的东西。

在人生的旅途中,最糟糕的境遇,往往不是贫困,不是厄运,而是一个人的精神和心境处于一种无知无觉的疲惫状态,失去了人生的悠闲之感。

第四章　人生箴言

一切都会过去

在时间面前，没有什么能一成不变，世界也永远处在运动变化之中。人的心情亦是如此。面对纷繁的世事，你也许会振奋，也许会低落，但不管怎样，你都要以积极的心态去面对。因为"这也会过去"。

1954年，巴西的男女老少几乎一致认为，巴西足球队定能荣获世界杯赛的冠军。然而，天有不测风云，在半决赛时，巴西队意外地输给了法国队，结果没能将那个金灿灿的奖杯带回巴西。球员们比任何人都更明白，足球是巴西的国魂，他们懊悔至极，感到无脸去见家乡父老。他们知道，球

走自己的路，从容选择你的人生

迷们的辱骂，嘲笑和扔汽水瓶子是难以避免的。

当飞机进入巴西领空之后，球员们更加心神不安，如坐针毡。可是，当飞机降落在首都机场的时候，映入他们眼帘的却是另一番景象：巴西总统和两万多名球迷默默地站在机场，人群中有两条横幅格外醒目："失败了也要昂首挺胸！""这也会过去！"球员们顿时泪流满面。总统和球迷们都没有讲话，默默地目送球员们离开了机场。

四年后，巴西足球队不负众望赢得了世界杯冠军。回国时，巴西足球队的专机一进入国境，16架喷气式战斗机立即为之护航。当飞机降落在道加勒机场时，聚集在机场上的欢迎者多达3万人。在从机场到首都广场将近20公里的道路两旁，自动聚集起来的人超过了100万。这是多么宏大的、激动人心的场面啊！

人群中也有两条横幅格外醒目："这也会过去！""胜利了更要勇往直前！"

成功者之所以会成功，是因为他们敢于正视自己的处境，并以积极的态度面对它，这就是："这一切都会过去。"

无论在何种情况下，得意时应该有得意的豁达，失意时

第四章 人生箴言

应该有失意的人格。决定我们命运的,并不是一时的失意和得意,而是在面对失意和得意时的一种心态和所采取的态度。

人生路上遭遇的每一件事情,最终都将被时空无情的穿越,享受美好,但美好总会过去;经历苦难,这苦难也会过去。

一个人在失败和困境中,用不着过于烦恼忧伤,无论遇到多么大的挫折和失败,只要不被困难所压倒,那么你迟早能走出困境,取得成功。因为"这也会过去"!

或许,你正站在成功的最高点,闪亮的光环毫不吝啬地抛给你,令你目眩神迷,但"一切都会过去",没有永远的成功也没有永远的风光;或许,你正遭受重挫,身陷逆境,讥讽、白眼、欺辱向你袭来,但"一切都会过去",没有永远的失败也不会有永远的的倒霉。

当到了转折点的时候,我们必须怎么做?当无事可做的时候,我们该做什么?我们所有的人都偶尔会有这种感觉,当这种感觉袭来的时候,我们必须面对。这是因为,他们到了生命中的某一点,不能继续前进下去。

我的大学老师曾经在一封信中谈到他早年时期的一段经历。当时的他无事可做,前面好像挡了一座石头墙,他以为自己会就此停顿下来,不会再前进了。他的脑子里一片乱

麻，非常混乱，像打了很多死结，无法解开。他甚至想到了自杀，一死了之。

他的心弦绷得非常紧，好像心里的那根弦眼看就要绷断，他决定在放弃之前做最后一次努力。他认为，在茫茫的宇宙之中肯定有某个人或者某一事物能够帮助他，他决定试一试。于是，他鼓起勇气，运用自己仅存的坚韧，在黑暗中继续前行。

这看起来是一种很愚蠢的行为，就好像从一扇窗户中跳出来一样。他不知道结果会怎样，也不关心结果会怎样。他只是以一种放松的心继续前行，用自己仅存的力量来战胜恐惧。

结果很出乎人们的意料。他首先感觉到了一种内心的觉静，随之而业的则是一种力量，就好像一股强大的力量抓住了他，拯救了他。他发现，这就是生活——犹如上涨的潮水，将他浮起，抹平了他心中的伤痛，激发了他潜在的力量，使他的生命变得焕然一新。

有些人说，他得到了信仰的帮助，或者说，信仰拯救了他、重塑了他。直到他生命的结束，他一直把这样的事、这样

第四章 人生箴言

的人放在心里，因为它们曾经鼓励他，使他的生活走上正轨。

你正处于转折点吗？那么就请你做一个决断吧，这种个断不是在绝望中做出的，而是在激情之中做出的。然后，了解那些值得我们学习的智慧吧！

明天的太阳依然灿烂。无论平凡还是伟大，无论贫穷还是富有，无论顺境还是逆境，这一切都会过去！

一切都不重要，因为一切都会过去。一切都会过去，所以，今天，你必须把握，因为明天还是未知。一切都会过去，一切都不会重来。一切都会过去，无论我们是得意，失意，还是快乐，悲伤；一切都会过去，无论我们是富有，高贵，还是贫穷，卑贱；一切都会过去，无论我们现在是高高在上，不可一世，还是寄人篱下，忍辱偷生。

一切都会过去的，世上的种种，到头来都将成为过去。

走自己的路，从容选择你的人生

享受困难与挫折

在伟大人物的名言中，有一句给我的印象特别深刻。"许多人的生命之所以伟大，是因为他们承受了巨大的苦难。"杰出的才干往往是从苦难的烈焰中冶炼出来，从苦难的坚石上磨砺出来的。困难总会吓退一大批庸碌的竞争者。只有真正经历过艰苦工作的人才能得到命运女神的垂青。

苦难与挫折并不总是我们的仇人，在某种意义上，它们赐予我们恩惠。因为每个人都有逆反的心理，这种逆反心理可以发展成为巨大的反抗力量。而苦难与挫折的出现，能激发我们的逆反心理，产生克服障碍、战胜困难的巨大力量。

第四章 人生箴言

这就像森林里的橡树,经过千百次的风吹雨打,不但没有折毁,反而越见挺拔。苦难正是暴风雨,它使我们遭受痛苦,同时也发挥我们的才能,使我们得到锻炼。

在克里米亚战争中,有一枚炮弹击中一个城堡,炸毁了一座美丽的花园。但就在炮弹爆炸的弹坑里,源源不断地泉水流了出来,后来成了一个著名的喷泉景点。不幸和苦难,如同那颗炮弹一样将我们的心灵炸破,而那被炸开的缝隙里,也许就可以流出奋斗的泉水。

很多人总是等到丧失一切,走投无路的地步时才发现自己的力量,灾祸的折磨有时反而会使人发掘出真正的自我。困难与挫折,就像锤子和凿子,能把生命雕琢得更加美丽动人。如同一个著名的科学家所说,困难总可以使他有新的发现。

失败往往有唤醒睡狮、激发潜能的力量,引导人走上成功的道路。勇敢的人,总可以转逆为顺,如同河蚌能将沙粒包裹成珍珠一样。

贫困与苦难是一种激励,能使人的思想坚定,精力旺盛。钻石越硬,光彩越目,而要将其光彩展现出来所需的琢磨也越用力。唯有精心的琢磨,才能使钻石将全部的美丽展现出来。不经摩擦的火石是不会发出火光的。同样,没有遇

到刺激的人是永远无法彻底发挥潜力的。

塞万提斯在马德里黑暗潮湿的监狱里写成了举世闻名的《唐吉诃德》。那时的他穷困潦倒,甚至无力购买稿纸,只能把小块的皮革当作纸来写。有人劝一位西班牙富翁来资助他,可富翁说道:"上帝禁止我去救济他,因为他的贫穷会给世界带来富有。"

监狱往往能燃起高贵人心里潜伏的火焰。《鲁滨逊漂流记》《圣游记》《世界历史》都是在牢狱中完成的。

在华脱堡堡垒的监狱里,马丁·路德把圣经译成了德文;在被放逐的20年中,他仍孜孜不倦地工作。约瑟也是在尝尽地坑和暗牢的痛苦之后终于成为了埃及的宰相。

犹太人有史以来就一再受到异族的压迫,可正是这个苦难的民族贡献了世界上最可贵的诗歌、最明智的箴言、最动听的音乐。似乎对于犹太人而言,正是压迫造就了他们的繁荣。直到现在犹太人仍然很富有,不少国家的经济命脉几乎就掌握在犹太人手中。对于他们,正是因为隆冬的严寒杀尽了地下的害虫,快乐的种子才繁茂地长成参天大树。

两耳失聪、穷困潦倒之时的贝多芬,创作了他人生最伟大的乐章。病魔缠身15年的席勒在病中完成了他最好的

第四章　人生箴言

著作；双目失明、贫困交加之时的密尔顿写出了最著名的文章。因此，为了得到更大的成就与幸福，班扬甚至说："如果可能的话，我祈祷更多的苦难降临到我的头上。"

任何一个卓有成就的销售员，都会不可避免地经受很多磨难，而这些磨难最终成了奠定他成功的基石。

宝剑锋从磨砺出，梅花香自苦寒来。苦难与挫折并不总是我们的敌人，从某种意义上说，它给我们带来了恩惠。我们每个人都有逆反心理，而只有经受到苦难与挫折时，这种逆反心理才从人体内激发出来，变成一股克服障碍、战胜困难的巨大力量。这就好像森林里的橡树，经过千百次风吹雨打，不但没有被折断，反而愈见挺拔。

困难总会吓退胆怯平庸的竞争者。只有真正经历过艰苦历练的销售员才能得到胜利之神的垂青。

困难与挫折，就像锤子和凿子，能把人生雕琢得更加完美无瑕。很多人总是到一无所有、走投无路的地步时才发现自己潜藏的力量，灾难的折磨有时反而会使人发掘出真正的自我。爱迪生曾说过，困难总可以使人有新的发现。

现在的犹太人很富有，不少国家的经济命脉几乎就掌握在犹太人手中。正是几个世纪以来深重的苦难、压迫造就了

他们今天的繁荣。作为世界上最优秀的民族之一，正是严冬的寒冷杀尽了地下的害虫，健康的种子才长成参天的大树。

真正勇敢的销售员，环境愈是恶劣，斗志愈加昂扬，不战栗、不退缩，意志坚定、勇往直前；他敢于正视困难，嘲笑厄运；苦难不足以损他分毫，反而只会增强他的意志、力量和决心，使他出类拔萃。对于他们，不幸的命运根本无法阻挡他前进的步伐。

失败往往有唤醒睡狮、引导人激发潜能的作用。如果一些事情没有成功，不要心灰意冷，应冷静地思考、分析败因：事情是不是有所改变？是否有所改进？总结教训，将它们转化为优势。心灰意冷是不能做到这些的，只有靠坚强和韧性。

美国百货大王梅西于1882年出生于波士顿。年轻时他出过海，后来开了一家小杂货铺，卖些针线。然而，铺子很快就倒闭了。一年后，他另外开了一家小杂货店，没想到仍以失败告终。

当淘金热席卷美国时，梅西在加利福尼亚开了个小饭馆，本以为供应淘金客膳食是稳赚不赔的买卖，没想到多数淘金者一无所获，什么也买不起。这样一来，小铺又倒闭

第四章 人生箴言

了。

　　回到马萨诸塞州之后，梅西满怀信心地干起了布匹服装生意。可是这一回他不只是倒闭，简直是彻底破产，赔了个精光。

　　不死心的梅西又跑到新英格兰做布匹服装生意。这一回他终于找对了时机，买卖做得很好。梅西在头一天开张时财面上的收入才1108美元，而现在位于曼哈顿中心地区的梅西公司已经成为世界上最大的百货商店之一了。

　　对于成功者来说，挫折正是考验他们意志、激发他们潜力的好机会。他们可以从挫折中学到许多宝贵的经验，作为以后东山再起的基石。

制怒

在职场生活中，很多人都有被情绪所控制在办公室发脾气的经历。一般来说，工作时遇到挫折困难、能力不被重视、和同事间勾心斗角、恶性竞争，或是公司制度和环境不够健全、开放，失业率高涨等，都是引发职场中人愤怒的原因。

当愿望不能实现或为达到目的的行动受到挫折时，常常会引发人们的一种紧张而不愉快的愤怒情绪。它来自于外在的刺激与自我的认知之间的矛盾，不会凭空消失。愤怒的情绪若处理不好，会有许多负面影响，除了自己不开心，身体受到危害以外，还容易得罪他人，使上下级关系异常，同事

第四章 人生箴言

之间关系变差，最终导致工作效率低下，甚至职位不保丢掉饭碗。此外，愤怒也会带来身体上的负面效应，如失眠、胃痛等。

愤怒经常与挫折感、阻力、威胁、被忽视、被苛责相关联，因为有些人或事总是不像我们希望的那个样子。从进化的角度而言，愤怒使我们有更多的精力来克服阻力、达到目标；还可以使我们在冲突的情境中，更有力量进行战斗。因此，愤怒是一种对事物自然反应的情绪。愤怒还可以成为威胁他人的武器，迫使他人就范，各种形式的报复正表现了愤怒的功用。但是，我们不发怒也一样可以解决问题，我们又为什么要发怒呢？

愤怒情绪有时也包含无能为力的感觉，即我们感到自己对所愤怒的事物无能为力。这可能是因为我们觉得做什么都将于事无补；也可能认为愤怒不大好，会令我们变得不再可爱；亦或是认为我们没有资格发怒。当我们产生这样的感觉时，我们会感到自己凡事都顺服于他人，认为别人远比自己强大。

愤怒是我们感到事情很糟糕或者受到不公平或者认为事情不应该这样发生的时候产生的一种情绪。表达愤怒有很多

的缺点，愤怒的时候可以使我们的头脑失去理智，表达出的愤怒越多，处理事情的效果越差，更容易使亲密的感情产生隔阂。愤怒常常会使我们失去耐心而意气用事，使我们变得具有攻击性，进而说出令自己后悔的话或者作出令自己后悔的事。

当然，愤怒也并不是没有好处的。适当的愤怒可以增强我们处理事情的勇气和决心，可以让我们勇敢面对要面对的人和事，可以增加自己的威力。比如自己受到不公平或不合理的对待时，愤怒的方式就可以很好的维护自己的权益。

愤怒更多的还是不好的影响。在找不到发泄对象的时候，愤怒非常容易转嫁给无辜的人。比如家人、孩子、学生等。长期产生愤怒的情绪，还不利于良好家庭氛围的形成。

公司经理王勇因为路上堵车而迟到，一进办公室看到办公桌空荡荡的，就对冯秘书吼道："你不知道我的习惯吗？每天早上必须喝一杯咖啡，否则影响今天的工作状态。"冯秘书只好带着歉意迅速去冲咖啡。但冯秘书心理却想：早冲了咖啡不就凉了，每天不都是你来了再冲吗？下班后，冯秘书带着这样的怒火回到家，看到儿子在玩，就冲儿子吼道："玩玩玩，天天这么辛苦给为赚钱，是叫你学习的，而不是

第四章 人生箴言

玩的。"于是，儿子回房看到小狗就是一脚。

小狗何其的无辜呀？又没招谁惹谁，却要承受别人的怒火。如果王经理在进办公室时，控制住了自己的怒火，或者冯秘书在回家时调整好了自己心情，就不会把自己的愤怒发泄到别人的身上，就不会有这一连串的情绪转移，也不会有无辜的小狗来承受着无名的怒火了，所以，我们要学会控制自己的情绪。

其实，愤怒和很多情绪一样，只是个人对外界刺激的一种体验的认知。我们觉得自己认为正确的规则被破坏了（比如学生偷懒不写作业、儿子在墙上乱画等），我们才会感到愤怒。当我们感到愤怒的时候，就会指责某个人或者某件事。其实反过来想，令我们愤怒的并不是别人，而是我们自己。因为别人只是对我们的认知造成了一种刺激，因为我们认为事情不该这样，才会感到愤怒。别人做的事情可能是我们发怒的前提，但我们是否会恼火，有多恼火，都取决于我们自己的认知。因为我们在怒不可遏的时候，别人可能认为不需要发怒。

当然，偶尔的愤怒并不是件坏事。因为人在生活中不可避免总会遇到一些愤怒的事，如果长期压抑自己，不将愤怒

爆发出来，将会对自己有很大的伤害，比如打击你的自尊，甚至伤害你的身体，带来高血压和心脏病。但愤怒本身不过是你情绪冰山的一角，它并不是独立存在，而是被其他的情绪所引发，如害怕、怨恨或不安。所以既然愤怒不可避免，我们要做的不是压抑愤怒，而是找到引发自己愤怒的情绪，在愤怒之前消除这些情绪，从而去掉愤怒带来的消极影响。

在职场中因愤怒而大发脾气会破坏工作环境。发泄是一种能量的传递，想"大发脾气"是因为有怒火在胸中燃烧，如果不释放出来就会不断累积，直到最后的某个时机，一股脑地发泄出来。发泄怒火和抱怨是两回事，抱怨的含义更多地在于表达某种担忧，目的是希望有所改变或者解决问题。

有些人只是希望通过单纯地发泄怒火来得到某种畸形的快感，而不是去寻找怒火的源头，想办法改善不如意的情况。但研究表明，发脾气并不会使怒气消失，反而会激化负面情绪。

这种以发脾气来发泄怒火的方式有一些明显的弊端诸多研究表明，脾气暴躁的人更容易得心脏病。除了健康上的危害，爱发脾气的员工还会破坏工作环境。即便如此，发泄怒火仍然是职场上的家常便饭。

第四章 人生箴言

美国弗吉尼亚大学达顿商学院工商管理学教授克里斯汀-贝法尔说,平均每位员工每天发火或者目睹同事发火的次数可达四次。

贝法尔说:"大部分研究都局限在证明发泄怒火的负面效应,而没有进行更深入的研究。这些研究并没有关注听众的行为。"贝法尔和她的同事进行了一项研究,力图寻找最佳方法来减轻发泄怒火带来的破坏性影响。

研究人员发现,听众最糟糕的行为就是:对怒火中烧的同事表示认同。"一旦助长了别人的怒火,怒火就会燃烧得更长久,"俄亥俄州立大学传播学院研究"愤怒情绪"的专家布拉德·布西曼说,"听众一旦表示认同,发泄者的愤怒情绪就会持续。但解决问题的关键在于熄灭怒火。"

实际上,听众可以平息一个人的怒火,但在工作时却不太容易实现。有一小部分员工可能只是为了发泄而不计后果地发脾气。贝法尔说,在这种情况下,听众就会无计可施。许多公司的层级制度使员工感到束手束脚,因此上班时发泄怒火就成了司空见惯的事。当然,很少有人喜欢和别人针锋相对。如果挑起事端的是公司里的权威人物,针锋相对的可能性就更小。

因此，在发火前，人们通常会找关系不错的人来倾诉，原因是他们大多会同意自己的想法。然而，不幸的是，向信任的人诉苦，只会让我们的怒火燃烧得更旺、更久。危险在于，当你的负面情绪得到了认可，你就可能变成"牢骚精"。

其实，愤怒也是可以被管理和控制。愤怒需要管理，是因为我们的生活并不总是尽如人意，总会有些让人挫败甚至想要爆发的瞬间。但每个人都不想让自己的愤怒"开锅"，所以我们先将愤怒分为六种类型，再一一进行破解。

类型一：爆发型。

爆发型愤怒的症状："如果你再这么做，我们就老死不相往来。"也许把你逼到爆发的边缘并不容易，但当这一刻真的来临时，便会地动山摇，身边的人都想逃离。这样的人通常在暴怒时会说出很多让人后悔的话或是做出很多事后无法弥补的事情。

对于这样的人，我们可以在脾气要爆发时，做深呼吸，或者在心中默数10个数，当你做完的时候，你会发现，其实你已经没有那么生气了。因为有研究表明：愤怒所持续的时间不超过12秒钟，就如暴风雨一般，爆发时摧毁一切，但过后却风平浪静。所以如何度过这关键的12秒，让怒气自然消

第四章　人生箴言

解非常重要。

类型二：隐忍型。

隐忍型愤怒的症状："我很好，我真的很好，没事的。"即使你的内心有一万个愤怒的火球，但你仍然展现给别人一张笑脸，对真实情绪进行不露痕迹的掩藏。这种人以自毁的方式来宣泄心中的怒气，比如吃得过多，过度消费。而且还会给别人的坏行为开绿灯，并拒绝给别人修正错误的机会。试想，如果对方都不知道你受了伤，又怎么向你道歉呢？

对于这样的人我们可以通过以下三点来改变：

（1）挑战自己的核心信仰。问你自己："允许下属随时早退对他们来说是件好事吗？"如答案当然是否。认识对与错，这是改正的第一步。

（2）将自己置身事外。想象自己的一个朋友长期被领导批评，无休止地加班，或被漠视。对她来说，该如何做出正确的反应呢？列出一张清单，写下她所可能采取的行为，然后问自己，为什么这些方法对她可行，对自己却不可行呢？

（3）进行"健康"的对质。如果有人责备你，你可以用一种积极的、有建设意义的语言进行反击。对方可能会对你的语言感到吃惊，甚至有些生气。但你知道吗？他们会原谅

和习惯你的方式。对于家人和好朋友来说，隐忍式愤怒往往比直接表达出来的愤怒具有更大的杀伤力。

类型三：嘲弄型。

嘲弄型愤怒的症状："哦，你迟到得正好，这让我有更多的时间独处，就一个小时而已嘛！"你发现了一条拐弯抹角的方式来转化自己的不快，而且脸上还带着笑容。尽管你觉得自己这样说充满了智慧，但再有智慧的尖锐地嘲弄也会伤害对方以及你们之间的关系。虽然有人坚持嘲弄是一种有智慧的幽默，不过被嘲弄的对象并非个个都能读懂这种幽默，或者都有读懂这种幽默的心情。

改变方法：

（1）学会直截了当地表达。嘲弄是一种被动的攻击性沟通，这更容易伤人，尤其是很亲近的人。找到合适的词语直接表达你内心真实的想法，有时候会更奏效。

（2）表达要坚定而且清晰。对于孩子来说，简单而温柔地提醒，如"在沙发上乱跳的行为是不被允许的"。所能清楚传达的信息远比下面的这种幽默好上几倍，"哦，别担心，你这么做只会让我再准备2000元钱来买一组新的沙发"。

第四章　人生箴言

（3）在感到愤怒之前说出来。在等待爱迟到的朋友时，在她来之前，进行不满表达的各种练习，这样能避免当你看到朋友后进行尖锐的嘲弄。

类型四：破坏型。

破坏型愤怒的症状："你竟然这么对我，我要让你付出更大的代价。"他们总是用一种更隐蔽的方法来表达自己的愤怒，挫败他人。

如何改变：

（1）允许自己生气。告诉自己，愤怒是你告诉别人，你已经对他的摆布感到厌倦的一种方式。

（2）为自己争取。与其采取故意不交工作报告或者故意开会迟到，你不如鼓足勇气告诉老板，你长期以来超负荷的工作量已经超出了你所能承受的范围，或者你和一个同事之间的矛盾已经不可调和了。这的确不容易，不过重新找份工作也同样不容易。

（3）学会掌控。如果你因为被寄予了过高的期望，却无法达到而感觉不舒服，你不能转变成破坏型愤怒者，而应该在此之前做些努力来改变自己的现状。

走自己的路，从容选择你的人生

类型五：自责型。

自责型愤怒的症状："他今天之所以没做完工作，都是我的错，我今天没有时时刻刻苦督促他。"他们每次都把所有的过错揽在自己身上。这种人产期生活在自我责备当中，容易产生对自己失望和不满，这样就容易得忧郁症。

如何改变：

（1）质问自己。每当你要怪罪自己的时候，开始质问自己："谁告诉我这事应该由我负责？"然后再问自己："你相信这一点吗？"认清真正的责任所在，而不是不问青红皂白就挺身而出，将本不该自己承担的责任揽在自己身上。

（2）提高自信。列一张清单，写下自己所有的优点。找回自信是避免过度自责的关键所在。

类型六：习惯型。

习惯型愤怒的症状："太郁闷了，你总是借我们的记事本用，你该买一个自己用。"这并不是针对该事件应有的正确反应，而是一种错误的习惯。这类人如果总是习惯性的发火，会给身边的人带来很大的心理压力，久而久之，你就会成为孤家寡人。

如何改变：

第四章　人生箴言

（1）直面自己的内心深处。哪些才是你真正满意的？如果你能挖掘自己的内心，你会发现许多小事情其实根本不值得自己一怒。

（2）留意愤怒的迹象。对自己快要愤怒的反应和感觉要敏感，当你能够灵敏地觉察到自己快要生气时的种种迹象时，就立即做些努力以平息即将到来的怒气。

远离恐惧

生活中，我们可以看到有些人的恐惧心理异于常人，一般人不怕的事物或情景，他也会怕；一般人稍微害怕的，他特别怕。这种异于常人的恐惧状态就是恐惧心理。心理学家认为，心存一点点恐惧有益健康，但害怕的心理加剧到某种程度，或达到变质的时候就变成病态了。

恐惧是大脑中的一种连锁反应。它由产生压力的刺激开始，到身体释放出多种化学物质结束。这些化学物质导致呼吸急促，心跳加速，肌肉紧张，还有其他一些所谓"迎战还是逃避"的反应。

第四章　人生箴言

有一个化妆品公司的副总裁桑姆被莫名其妙地革职了,他说刚被革职的前几天,他并没有太多恐惧的感觉,可是随后不久它却吞噬了他的整个身心。感觉到人生价值受到了挑战。他的人生理念一直是:只要把事情做对就一定会有好结果,而对于工作的要求只是希望能得到相对好一点的报酬。他也不明白当初为什么会升迁升得那么快,后来又莫名其妙的被弃如敝屣。他觉得自己像是在做梦一样,一下子所有的原因都让他感到变幻无常,整个世界变得不真实,这些让他感到恐惧起来。

恐惧感对于一个失败者来说就像是九头怪兽一样无法根除,它拥有琢磨不定,纠缠不清的特质。事出有因的恐惧感可以说成是一种求生的心理机能,它就像发烧一样的症状,让你知道自己的身体病了,警告人们正身处于危难之中。这样的恐惧感是不能让它肆意的蔓延下去,一旦蔓延,恐惧感蜕变成不知名的忧惧时,求生的功能就丧失了。所以,有特定原因的恐惧感对我们是有益的,而被夸大且无名的恐惧感则会使人思想瘫痪。

人在烦恼时,可使意志变得薄弱,判断力、理解力降

走自己的路，从容选择你的人生

低，甚至理智和自制力丧失，造成正常行为瓦解。烦恼和恐惧不仅使心灵饱受煎熬，同时它还会摧毁人的肌体。所以，不要以为烦恼只是一种单纯的情绪。

随着竞争越来越激烈，白领普遍有职业恐惧感。前不久，温州人力资源网等单位邀请附一医心身医学科主任医师何金彩教授，为120多位温州各知名企业的职业经理人通过测评量表的形式对在场的人员进行职业压力测试。参加的职业经理人主要是在温州知名企业内担任人力资源部经理、总经理等高级职业经理人。当问及最大的职业压力是什么时，22.30%的职业经理人选择如何提升自我价值，实现自我增值；企业人才招聘难度大占了27.10%；与上级领导意见存在分歧占了13.50%。通过测试表明，温州的职业经理人普遍压力较大。其中七成人感到紧张和有压力，八成的人感到自己所做的事情并不如愿，普遍对职业有种恐惧感。

尹铭是一家公司的销售经理，七年来业绩一直不错。但近两年，随着外界的竞争加剧，公司的管理体制却日渐落后，感觉工作做得很辛苦。虽然工作量没有增加，但工作压力越来越大。原来驾轻就熟的工作也倍感沉重。这让他对自己未来的发展充满恐惧与焦虑。

第四章 人生箴言

王女士也是一位白领,近来她感觉自己在公司受到无形的压力和委屈。公司的上司太多,为了协调各种关系,她精疲力尽。一天,一个女上司不知什么原因,对她态度很恶劣。她吓坏了,到现在都不知怎样去面对。这让她产生了前所未有的恐惧。

胡先生是一位马上要参加职称晋升考试的公司职员,他害怕自己不能通过考试,这不仅会让他丢面子,更可怕的是,他觉得自己没法继续在单位混,因为单位人才济济,充满竞争压力。为此他睡不好,吃不香,本来应该注意力高度集中地复习专业,却总是注意力不集中,什么也看不进去,还经常有心慌气短等不适症状。

心理压力越大工作中的恐惧感就会越强。对白领一族来说,其职业恐惧是自己因为害怕失去现有职业而产生出的惶恐心态,虽然有时明知这种恐惧没有必要,但在一想到要失业或要从事某种职业时仍控制不住恐惧、害怕。

从心理学角度去讲,恐惧是一种重要的心理反应,每个人都有其惧怕的事情或情景。恐惧心理的产生与过去的心理感受和亲身体验有关。俗话说:"一朝被蛇咬,十年怕井

绳。"很多人在过去受过某种刺激，于是大脑中形成了一个兴奋点，当再遇到同样的情景时，过去的经验被唤起，就会产生恐惧感。

一旦自己被恐惧、焦虑"俘获"，精神上会产生恐慌、害怕、心烦、紧张甚至觉得大难临头，有窒息感、频死感。对于这种体验，有人可能会用一些不利健康的方式缓解恐惧焦虑，如酗酒、吸毒、滥交等，其目的是假借外物（外人）缓解焦虑，但这些行为的效果却是犹如抱薪救火，薪不尽火不灭，使焦虑和恐惧越演越烈。

流行病学的研究成果显示，紧张的生活事件，如当我们在面临战争、迁居到不同社会文化和地理环境中、生活方式和社会地位的改变等一系列紧张生活的原因中，会导致高血压、溃疡病等身心疾病的发病率明显增加。心理学家曾经发现，如果妇女们在失去丈夫六个月以后，她们冠心病的发病率会比正常妇女整整高出六倍。

比如，我们把两只同窝的羊羔放在温湿度、阳光、食物相同的条件下生活，可是我们在其中一只羊羔旁拴着一只狼，让它无时无刻都能看到这只狼，你猜会有怎样的结果？那只没有看到狼的羊依然健康的生长，而且越长越好，可是

第四章 人生箴言

另一只羊却因为一直处于一种极度恐惧中不思进食,它长年累月慢慢地逐渐消瘦而死掉了。

恐惧是一种消极情绪,它总是和紧张、焦虑、苦恼相随,使人的精神经常处于高度紧张状态。恐惧不仅会使人的意识变得狭窄,判断力、理解力降低,甚至让自己丧失理智和自制力,甚至使行为失控。研究认为,长期处于恐惧状态中,会严重地影响其寿命。因此,白领一族要清楚认识到职业恐惧对自己身体、事业的危害。

看来,恐惧对工作和生活都是百害而无一利的。那么,我们又该如何面对这样的不良情绪呢?

1. 善于发现自己的优势

生活中,内向的人常常给人以害羞、含蓄的感觉。从心理学角度讲,害羞往往是一个人缺乏自信的表现,且还存在某种自卑感。害羞也是恐惧的一种表现形式之一,而加强自信心的修养对克服自卑感有釜底抽薪的作用。

自信的人往往是没有恐惧感的。所以,想掌控自己的恐惧情绪就应该自己的自信。而提升自信须改一改自己以己之短比人之长的习惯,平时可以多想想自己有哪些长处和优势,以自己的优势去比别人的短处,这样就会渐渐改变自己

的看法了。在改变过程中，你应该把注意力转移到自己感兴趣的活动中去。这样成功的机会就会多一些。多一份成功就多一份喜悦，多一份自信。这样自信心就会逐渐变强了。

清楚了自己的优势，我们成功的机会就会多一些。多一份成功就多一份喜悦，多一份自信。但我们必须清楚，自信心的培养是从一次次小的成功开始的，成功会唤醒一个人对自我的肯定意识。同时，手指有长有短，人也不可能十全十美，所以一个人要想最终克服自卑心理，就必须在建立自信的同时正视自己的不足。

2.战胜恐惧，要扩大自己的知识面

克服恐惧心理，要求你提高对周围事物的认知能力，扩大认知视野，确立正确的目标判断，提高预见力，对可能发生的各种变故做好充分的思想准备，就会增强心理承受能力。

恐惧感多是自己吓唬自己。如果我们将自己封闭在一个狭小的思维意识中，自然会在当今激烈的竞争中感到怯懦和恐惧。不要为某一次待人接物礼貌不够周全而自怨自艾，不要为一件事没按原计划进行而烦恼。

愚昧是产生恐惧的源泉。"知"不仅可以获智，而且还可以帮我们战胜恐惧、焦虑情绪。扩大了自己的知识面，可

第四章 人生箴言

以提高我们对周围事物的认知能力,扩大认知视野,确立正确的目标判断,提高预见力,对可能发生的各种变故做好充分的思想准备。这样也就会无形中增强自己的心理承受能力。

3. 相信自己,勇于实践

知识面的扩大不仅来源于书本,更来自实际经历的磨炼。如果可以在实践中去了解、认识、适应、习惯那些让我们感到恐惧和焦虑的事儿,就会逐渐消除对它的恐惧。

生活磨炼是战胜恐惧的最有效方法。生活中,你可以有意识地在艰苦环境下磨炼自己,培养自己勇敢顽强的作风。这样,即使自己真正陷入危险情境,也可以做到沉着冷静,机智应付。另外,平时要注意加强心理训练,提高各项心理素质。比如,模拟训练平时可能遇到的各种情况,进行有针对性的心理训练,形成对危险情境的预期心理准备状态,就能够有效地战胜恐惧和不安等不良情绪。工作生活中,我们可以有意识地在艰苦环境下磨炼自己,培养自己勇敢顽强的作风。这样,即使自己真正陷入危险情境,也可以做到沉着冷静,机智应付。

当你把自己封闭在一个狭小的圈子时,自然会觉得与外界接触有困难,感到怯懦和恐惧。不要为某一次待人接物礼

走自己的路，从容选择你的人生

貌不够周全而自怨自艾，不要为一件事没按原计划进行而烦恼。当你对每件事都精心策划，以求万无一失的时候，你就不知不觉地把自己的感情紧紧封闭起来了。

4. 先战胜小恐惧

面对工作、生活中的恐惧，我们先从容易的事情做起。在一次次小的成功中，我们的自信心会一点点恢复，当我们有了能够把一件小事做好的自信心，以后对于一些大的事情就可以慢慢做好了。

如果一个人不会演讲，人人都会觉得他无法做一个出色的政治领导者。美国共和党领袖汉纳开始就是一个不敢在大众面前开口讲话的人，不过他却有很强的政治野心。当他第一次面对群众演讲时，他脸色发白、膝盖颤抖，茫然与紧张令他难受万分。

他并没有因此而退缩，面对演讲的恐惧，他仅仅做了一个小小的改变，就是从培养自己的信心入手。在第一次政治巡回演讲时，他从一些很短的演讲开始，这样他的内心紧张就会小很多，自己的想法也能很清楚地表达。就是在这样的一次次短小的演讲中，汉纳渐渐找到了自信。等巡回演讲结束时，他已经可以连续讲上半个小时了。

第四章 人生箴言

后来，汉纳成了一个出色的演讲者。公共演讲不仅成了他的一个非常擅长的工作，还成为了娱乐的源泉。面对生活中的恐惧，你也可以学一下汉纳，先从容易的事情做起。相信你会在一次次小的成功中增强自信，如果有了能够把一件小事做好的自信心，以后对于一些大的事情就可以慢慢做好了。

5.战胜恐惧，树立偶像

偶像可以激励你的自信，如可以学习英雄人物事迹，用英雄人物勇敢顽强的精神激励自己的勇气。同时还可以培养自己乐观的人生情趣和坚强意志。

走自己的路，从容选择你的人生

告别忧虑

你知道现在最恐怖的三大疾病是什么吗？我想大多数人都会猜到癌症和艾滋病，而忧郁症恐怕是大多数人猜不到的。根据统计：60%的病人之病因，与焦虑、神经紧张或压力有关；美国《星岛日报》曾报导一项新闻，根据中国卫生部的统计，每一千人中便有15人患有忧郁症，中国目前约有1600万精神病患者，但精神病医生及护士只有1300；世界卫生组织总干事布伦特兰博士曾指出，目前在中国，精神病占所有疾病的14.3%，预计到2020年将上升到17.4%。

这些数据都表明忧郁症患病的比率正在不断攀升，忧虑

第四章 人生箴言

已经成为现代人的通病。那么,你是否还在为自己考不上大学,找不到工作,没有结婚对象,房价上涨,自己做老板生意不好等等问题而忧虑呢?当你为这些事情担心时,你有没有想过:你所担心的事情会不会发生呢?

从前有一个人以为自己得了癌症,便去看医生。医生问:"你哪里不舒服。"他回答说:"没有。"医生又问:"你最近体重有没有减轻?"他说:"没有。""那你为什么觉得自己得了癌症?"医生忍不住问他。他说:"书上说癌症的初期毫无症状,我正是如此啊!"

人们最大的烦恼,并不是来自一些不可避免的正在发生的事,而是杞人忧天,自寻烦恼。未来的不幸不见得真会发生,然而无所谓的忧虑却让我们失去了现在的平静。

心脏病是当今美国头号刽子手。第二次世界大战期间,大约有30几万人死在战场上;可在同一时期内,心脏病却杀死了200万平民——其中100万人的心脏病是因忧虑和生活过度紧张引起的。死于心脏病的医生比农民多20倍,因为医生过的是紧张的生活。威廉·詹姆斯说:"上帝可能原谅我们所犯的错,可我们自己的神经系统却不会原谅。"

这是一件令人吃惊而且难以置信的事实:每年死于自杀

走自己的路，从容选择你的人生

的人，比死于种种常见传染病的还要多。为什么会如此呢？答案通常都是因为"忧虑"。

曾经有一段时间，晚上我老是睡不着觉，白天总是担心很多事情，导致我总是不能集中精力去工作，这样搞得我天天精神恍惚。朋友建议我去看看医生时，医生提出的第一个问题就是："你情绪上有什么问题使你产生这种情况？"他警告我，如果继续忧虑下去，就可能染上其他的并发症或心脏病、胃溃疡，或者糖尿病。这位名医说："所有这些疾病，都互相有亲戚关系，甚至是近亲——它们都是因忧虑而产生的。"

女明星曼儿奥白朗告诉我们她绝对不会忧虑，因为忧虑会摧毁她在银幕上的主要资金——美貌。她还说，刚开始她打进影坛时，既担心又害怕。那时她刚从印度回到伦敦，在没有一个熟人的情况下，她见过几个制片人，没有一个肯用她。最严重的是她仅有的一点儿钱渐渐用光了，整整两个星期，她只靠一点儿饼干和水充饥。有一次，她对自己说："也许你是个傻子，你永远也不可能闯进电影界。你没有经验，没演过戏。除了一张漂亮的脸蛋，你还有些什么呢？"

第四章 人生箴言

　　于是，她照了照镜子。突然发现自己的容貌变得好憔悴，眼神暗淡无光，皮肤也出现了皱纹。她突然意识到忧虑对自己容貌的影响，看着镜子中自己由于忧虑造成的皱纹，看着自己焦虑的表情，她对自己说："我必须立即停止忧虑。我能奉献的只有容貌，而忧虑会毁掉它的。"

　　没有什么会比忧虑令女人老得更快，并能摧毁她们的容貌的了。忧虑会使我们的表情难看，会使我们咬紧牙关，会使我们脸上出现皱纹，会使我们总显得愁眉苦脸，会使我们头发灰白，甚至脱落，忧虑会使你脸上出现雀斑、溃烂和粉刺。

　　其实，我们所忧虑的事情可以分为三类：忧虑昨天的事情、今天的事情、明天的事情。过去的事情已经发生了，放过多的精力去忧虑也是徒劳的，未来的事情是不可预知的，你天天去忧虑未来的也许根本就不会发生的事情，这不是自己给自己找麻烦吗？所以，我们只用担心当下的一点儿事情就好，只要专注于把当下的事情做好，这样，你也不会有过多的精力去忧虑其他的事情。如果我们时时刻刻苦都把当下的事情做好，我们也不会为过去的或将来的事情忧虑了，因为当下的事情，是你昨天在忧虑的将来的事情，也是你明天所忧虑的过去的事情。

心理学所发现的基本定理中有一条是这样的："不论一个人多么聪明,都无法在同一时间内想一件以上的事情。"也就是说你只能轮流想其中的一件事,而无法同时去想这两件的事情。这也是为什么做研究工作的人也很少有出现精神崩溃的原因,因为他们每天都想着研究的项目,没有时间去忧虑。

在生活中,大多数都会对某件事情产生忧虑。只要她不影响我们正常的生活和工作,我们也不必要太过注意,有时你越把注意力集中在这上面,你就越容易产生忧虑。还有些人由于长期生活在压抑中,很容易产生忧虑,影响到我们的工作。那么,我们要如何告别职场忧虑的困扰呢?

当你对未来的事情才生忧虑时,你要尝试尽量理性看待问题,不让自己产生消极的想法,一般情况下,我们遇到困难会直面而上,忧虑也是一样,你可以分析一下:让你害怕的事情发生的概率有多大?如果事情发生了,最好的情况和最坏的情况是什么?最好情况和最坏情况发生的概率各是多少?自己是否曾经成功地处理过相同的事情?这样可以减少或控制你的恐惧和不安,这样可以向产生忧虑的思想发起挑战。如果这样还不能消除你的忧虑,你可以试试另一种方

第四章 人生箴言

法：想象自己正在应对迎面而来的问题，并且将它圆满地解决了。或者是找一能够带给你愉悦感或调动你全部注意力的事情来做。心理专家研究发现，那些最快乐的人看电视所花费的时间比其他人少30%，其中一个原因可能是：看电视会让人进行思维反刍，有的细节和片段会在大脑中一遍又一遍地浮现。

在职场中难免会遇到突发事件，你不必为突发事件而忧虑，这样对你解决问题一点儿作用都没有。当新的烦恼或挑战突然出现时，努力寻找解决问题的哪怕一点点线索，或者帮自己找出看待问题的另一种思路。一旦新的状况发生，立即问问自己：我做些什么可能会对解决这个问题有益？如你担心医生的检查结果，告诉自己：我很早就已经在意并关心自己的健康了，即便出现什么问题，也绝对不会太糟，而且我可以及时作出补救。

当你对业绩考评感到忧虑时，可以回想一下从前你所忧虑的事情最终却没有发生的的事情。然后让自己一直这样回想：其实我完全不需要担心，以前我担心自己工作能力很差，可老板一样很很欣赏我，我的工作成绩也不错，告诉自己我的恐惧是没有合理依据的。

此外，在职场中遇到任何问题，我们都可以把精力集中到那些会将你从忧虑的思想中转移出来的积极工作上。对积极工作的投入是一种难以置信的力量，会把注意力从当天的忧虑中转移开。不要让你的工作充满忧虑，而是要充满希望、梦想和创造性的追求。

做好心理准备对于减轻焦虑也是有帮助的。比如你将要在工作中做一次报告，你可以先对着朋友或镜子进行演练几次，直到自己熟练为止。同时当你在报告的过程感到紧张或担心时，你要提醒自己深呼吸一下或者短暂的停顿一下，以帮助你将思维拉回到现实，并阻止你产生消极的想法。

人们一般在接触新事物或不熟悉的工作环境中更容易产生焦虑。例如，大学毕业刚进职场或是刚刚被调到新地方从新建立新部门，由于对新的工作内容和新的环境不熟悉，自然会担心自己无法胜任或是不知道自己应该怎么做才能完成工作任务。而事实上时新的职位和环境并不会产生任何问题，只是因为这是新的事物是你产生忧虑。当你正在投入到工作中的时候，这些忧虑会自然而然的消失。有些事情在你做以前你感觉十分艰巨，当你真正动手做的时候，你会感觉原来这么简单。

第四章 人生箴言

《圣经》上说"日光之下必无新事"。忧虑并不是现代人的专利，早在亚当夏娃吃了禁果之后，他们就开始吓得要死，躲在树丛里，担心接下来怎么办？还好那天的时间不太长，神主动找到他们，及时把事情做了一个了断，不然他们一定得忧郁症！

马克·吐温这样描述了忧虑的愚蠢之处："我很老了，曾经为很多事情忧虑，但大多数却从来没有发生过。"所以，忧虑就像一个根本不存在的债务，但我们却在事先就支付了利息。我们是否会忧虑还在于自己的选择，你可以把每天的时间和精力都用在担心可能不会发生的事情上，也可以把时间用在生活中发生的所有重要的事情上。

犹太人有句谚语："只有一种忧虑是正确的，为忧虑太多而忧虑。"当你为一件事感到忧虑时，你应该知道你所忧虑的事情可能发生，也可能不会发生。既然如此，何必还要忧虑呢？而且，天天把时间放在忧虑上，那样不是在浪费你的宝贵光阴吗？

有科学家对人的忧虑进行了科学的量化、统计、分析，结果发现，几乎百分之百的焦虑是毫无必要的。统计发现，40%的忧虑是关于未来的事情，30%的忧虑是关于过去的事

情，22%的忧虑来自微不足道的小事，4%的忧虑来自我们改变不了的事实，剩下4%的忧虑来自我们正在做着的事情。也就是说，96%的忧虑都是没有必要的，因为对象是那些我们无法控制的事情。实际上，由于我们只能够控制剩下的4%的事情，这种忧虑也是在浪费努力。最终结果是，100%的忧虑都毫无价值。

难道我们就注定了要忧虑重重地过一生吗？我们确实没有必要整天生活在忧虑中，开心的活着不是更好吗，至少对我来说是这样的。快乐是自找的，烦恼也是自找的。如果你不给自己寻烦恼，别人永远也不可能给你烦恼。所以，每当你忧心忡忡的时候，每当你唉声叹气的时候，不妨把你的烦恼写下来，然后在科学家们的分析中为自己的烦恼归个类：它是属于40%的未来，30%的过去，22%的小事情，4%的无法改变的事实，还是剩下的那一个4%？

如果你的忧虑属于没来的40%或是属于过去的30%，那你完全没有必要担心了，只需要把自己的精力集中在"完全独立的今天"里，只用好好过好今天这一天就可以了。

你的忧虑如果属于剩下的那4%的忧虑，你可以采取以下三个步骤。解决困难的第一步，就是看清事实。在没有以

第四章 人生箴言

客观态度搜集所有的事实之前,不要去想怎样解决问题。然而,如果对事实不加以分析和解释,就算是把全世界所有的事实都搜集起来,对我们也没有丝毫的帮助。所以,解决问题的第二步就是分析问题,得出正确的结论。当然,我们的结论再怎么的正确,如果我们不去行动的话,一切都是空谈。所以,第三步就是采取行动。

如果你碰上麻烦不论太小——而被逼在一个角落的时候,试试威利·卡瑞尔的万灵公式:

(1)问你自己,"如果我不能解决我的困难。可能发生的最坏情况是什么?"

(2)自己先做好接受最坏情况的心理准备——如果必要的活。

(3)镇定地去改善最坏的情况——也就是你已经在精神上决定可以接受的那种。

此外,要想告别忧虑就要常常提醒自己,忧虑会使你付出自己的健康为代价,"不知道怎样抗拒忧虑的人,都会短命"。

走自己的路,从容选择你的人生

停止抱怨

在生活中,经常听到朋友抱怨社会对你不公平,抱怨丈夫不浪漫、妻子不贤惠,抱怨老人不开通,抱怨孩子不听话……在工作中,他又经常抱怨工作不如意,抱怨上级不识才,抱怨同事不配合,抱怨下属不尽心,抱怨客户不理解……总之,都是他在抱怨别人的做法怎么的不符合自己的心意,从来没有抱怨过自己:我为什么会有这么多的抱怨呢?

有一则古老的寓言,可以给我们一些启示。有一个年轻的农夫,划着小船,给另一个村子的居民运送自家的农产品。那天的天气酷热难耐,农夫汗流浃背,苦不堪言。他心

第四章 人生箴言

急火燎地划着小船,希望赶紧完成运送任务,以便在天黑之前能返回家中。突然,农夫发现,前面另外一只小船,沿河而下,迎面向自己快速驶来。眼见着两只船就要撞上了,但那只船并没有丝毫避让的意思,似乎是有意要撞翻农夫的小船。

"让开,快点让开!你这个白痴!"农夫大声地向对面的船吼叫道。"再不让开你就要撞上我了!"但农夫的吼叫完全没用,尽管农夫手忙脚乱地企图让开水道,但为时已晚,那只船还是重重地撞上了他。农夫被激怒了,他厉声斥责道:"你会不会驾船,这么宽的河面,你竟然撞到了我的船上?"当农夫怒目审视对方小船时,他吃惊地发现,小船上空无一人。听他大呼小叫,厉声斥骂的只是一只挣脱了绳索、顺河漂流的空船。

我们的抱怨和农夫是何其的相似呀!当我们责难、怒吼、抱怨的时候,也许你的听众只是一艘空船。无论你多么的愤怒,指责对方,对方也不会因为你的抱怨而改变船的方向。你唯一可以改变的只有你自己。人生在世不如意十有八九,如果你用不同的态度和想法来面对和处理,就会获得截然不同的结果。

　　美国最伟大的心灵导师之一威尔·鲍温说："这个世界值得抱怨的事情太多了，背叛、裁员、贫富差距、精神焦虑、安全感缺失……都会让我们抱怨不断。我们有时候会抱怨困难，是因为把困难当作借口，以逃避自己向往却没有完成的目标。但是，抱怨困难并不会让问题得以解决，也不会减轻内心的痛苦。我们抱怨不公平的一切，就是企图用汽油来灭火，想抱怨的不但得不到消除，反而会带来更多的灾厄给我们。"

　　在人们的周围抱怨声此起彼伏，但我们从没有见过有哪位老人，弯着腰走在街上，埋怨是地心引力把自己变成这样的吗？显然没有过听到有人抱怨地球引力的，如果没有地心引力，人们不会掉下楼梯，飞机不会坠落，我们也不会打碎盘子。地球引力给我们的生活带来了这么多的不便，为什么没人去抱怨呢？

　　原因在于地心引力实实在在地存在。没人能对地心引力做什么，所以我们只有接受它。我们知道对它发牢骚不会有任何变化，所以就不会埋怨它。事实上，由于地心引力的存在，我们能对其善加利用，获利良多。我们修建引水管，从山上引水下来，同时利用排水管把废水排走。

第四章　人生箴言

　　有时为了埋怨某人某事，你就必须相信有什么更好的东西存在。比如你相信你会有更多的钱，更大的房子，更满意的工作，更多乐趣，更钟爱的伴侣，而目前的现实是你没太多的钱或是更大的房子，工作也不是很满意，可你又不努力奋斗，尽自己最大的力量去得到它。这时，你就会开始抱怨，抱怨自己不如别人，过的不满意。

　　由此可以看出，人们只会对他们能办到的事发牢骚。我们不会去埋怨超乎能力所能及的事。也就是说，如果人们有一个能过通过自己努力能实现的愿望，由于某种原因自己没能实现，这里的"某种原因"就成了抱怨的对象。而我们经常会把"某种原因"归结于他人的过错造成的，所以，我们经常会抱怨他人，总是觉得社会对我们不公平。有这样的抱怨我们是可以理解的，甚至我们自己也经常这样抱怨过，但是，我们有没有想过：当你抱怨社会不公或他人的时候，世界或他人有欠了我们什么呢？

　　在半山腰处，有座小小的寺庙：大堂里，供奉着一尊石佛，朝圣者日日敬拜；门口处，铺设着一块石板，朝圣者日日踩踏。有一天，心生怨气的石板忍不住发起了牢骚来：

"同样是石头,我躺着,灰头垢面,受人踩踏;你坐着,高高在上,受人敬拜。世道为什么如此不公平呢?"石佛微微一笑,答道:"是的,我们来自深山的同一块石头,但我挨了千刀万凿,才站在了这里,而你只是挨了几刀而已,所以就只能铺在地上给人垫脚啊。"试问,既不想挨千刀万凿,却幻想着被人敬拜,这可能吗?

抱怨不仅不能帮助解决任何问题,还会影响自己正确的分析问题,堵住解决问题的思路。遇到问题,就在别人身上找原因,在周围环境上找理由,却忘记去分析怎么去解决,更不会发现自己身上存在的问题。就像铺在门口的石头一样,当它受到别人的踩踏,而石佛却受朝拜时,它没有从自己身上找原因,而只知道去抱怨,最重要的是:它的抱怨除了让它的心情更糟外,对它改变自己被人践踏的命运一点帮助都没有。这就是为什么喜欢抱怨的人,活得很累。

有个老木匠准备退休,他告诉老板,说要离开建筑行业,回家与妻子儿女享受天伦之乐。老板舍不得他的好工人走,问他是否能帮忙再建一座房子,老木匠说"可以"。但是大家后来都看得出来,他的心已不在工作上,他用的是差

第四章 人生箴言

料,做的是粗活儿。房子建好的时候,老板把大门的钥匙递给他。

"这是你的房子,"他说,"我送给你的礼物。"

他震惊得目瞪口呆,羞愧得无地自容。如果他早知道是在给自己建房子,他怎么会这样呢?现在他得住在一幢粗制滥造的房子里!

我们又何尝不是这样。老是抱怨生活对自己的不公,却不努力的改变自己的命运,漫不经心地"建造"自己的生活,不是积极行动,而是消极应付,凡事不肯精益求精,在关键时刻不能尽最大努力。等我们惊觉自己的处境,早已深困在自己建造的"房子"里了。把你当成那个木匠吧,想想你的房子,每天你敲进去一颗钉子,加上去一块板,或者竖起一面墙,用你的智慧好好建造吧!

抱怨往往"以情绪为中心",专注在自己不想要的东西上,也就没有时间和精力去寻求真正想要的东西。正如故事中的木匠在建筑的时候,不想如何把房子做好,却一心想离开工作,回家享受天伦之乐,最终自己只好住在自己所建造的坏房子里。

挑剔别人的毛病,把别人的一丁点儿缺点扩大化,而把

走自己的路，从容选择你的人生

自身的一大堆问题缩小化。越是抱怨心胸越狭窄的，越是抱怨，越变得不求上进。即使有再多再好的机会摆在面前，也不知道去珍惜和拥有。思维方式就会出现偏差。当机会失去以后，就会认为自己的落后是积极上进的人造成的，认为别人的进步导致了自己的后退。而他们从来不反思自己的态度和能力，而是抱怨自己怀才不遇，生不逢时，遇到问题就想不开，最终使得问题更加复杂化。

抱怨是最消耗能量的无益举动。有时候，我们的抱怨不仅会针对人、也会针对不同的生活情境，表示我们的不满。而且如果找不到人倾听我们的抱怨，我们会在脑海里抱怨给自己听。

停止抱怨，积极行为吧！因为你抱怨的事实不会因为的抱怨而改变，它也不会顺应我们的意愿发生改变，而发生改变的，却是我们不希望的———一旦抱怨，自己的情绪就会受到影响而低落，消极的情绪不仅会让身体感到不舒服，而且会影响到对工作的热情和责任心，甚至会让一个人对生活悲观失望。另外，我们千万不要因为他人的过错而使自己陷入无尽的烦闷悲伤之中，否则，你就成了唯一的一个受到伤害的人，而你的抱怨更强化了这种伤害的深度和长度。

第四章 人生箴言

适当的抱怨是一个人情绪的发泄方式,但抱怨过多,就会成为一种坏习惯。如果你把抱怨变成善意的沟通和积极的建议,你将变得通情达理,如果你把抱怨变成正面的积极行动,成功就离我们不远了。

葡萄牙作家费尔南多·佩索阿说:"真正的景观是我们自己创造的,因为我们是它们的上帝。我对世界七大洲的任何地方既没有兴趣,也没有真正去看过。我游历我自己的第八大洲。"就像费尔南多·佩索阿说的那样,在生活中,我们才是自己的上帝,我们在创造自己的完美世界。

停止抱怨,正视自己,为自己准确地定位。这样,我们才能才能在自己生活的原点改变自我,发现一个全新的自己,从而改变自己的命运,收获成功的喜悦和幸福的生活。

一份关于职场人抱怨状况的调查报告显示,近九成职场人每天都会发出抱怨。其中,65.7%的人每天抱怨1次至5次,13.8%的人每天抱怨6次至10次,4.8%的人每天抱怨20次以上,只有11.2%的人表示自己"从来不抱怨"。八成职场人表示自己会习惯性地表达哀伤、痛苦或不满,而92.6%的人对自己的抱怨行为感到"深恶痛绝"。

调查中发现,抱怨更多的时候只是为了发泄,但这种

方式却并没有完全达到减压的效果。相互的抱怨只会导致不良情绪的传染和积蓄。当你不断积怨可能最后会有爆发的时候，这个可能会导致某些冲动的行为，甚至出现极端，所以一味的抱怨，会无形之中增加自己的心理压力，影响自己的身体健康。

《不抱怨的世界》作者威尔·鲍温提出的神奇"不抱怨"运动，邀请每位参加者戴上一个特制的紫手环，只要一察觉自己抱怨，就将手环换到另一只手上，依此类推，直到这个手环能持续戴在同一只手上21天为止。在不到一年，全世界就有80个国家、600万人热烈参与了这项运动，学习为自己创造美好的生活，让这个世界充满平静喜乐、活力四射的正面能量。戴上紫手环，接受21天的挑战，为自己创造心想事成的无怨人生！

第四章 人生箴言

拒绝冲动

在日常生活中,我们常常会因为一时的冲动而造成无法弥补的后果,虽然有许多事情的确让我们既气愤又无奈,但是无论事情是多么的让我们无法忍受,我们都要控制好自己的情绪,不要冲动的失去理智,更不能不顾一切地采取过激的行为。"事缓则圆"任何事情的圆满解决都是理智后认真思考的结果,一味冲动不仅于事无补,反而会造成让我们难以承担的后果。因次,在遇到自己冲动时要用理智控制自己的行为才是明智的选择。

一位猎人在打猎时发现了一只刚出生的已经奄奄一息

的狗，猎人就把狗带回家养了起来。慢慢地这只狗长大了，它十分听主人的话，而且猎人惊奇的发现这只狗和自己年幼的小孩经常在一起玩耍，感情十分要好。于是猎人每次离家出门打猎时，这只狗都会细心照料他年幼的孩子。可是有一天，猎人回家后发现狗的嘴上沾满鲜血，自己的孩子不知去向了，当时的他怒气冲天，认为是狗肚子饿了，对孩子下了毒手，一气之下举起了猎枪，把狗给打死了。当狗倒地后，房屋里传出了"呜呜呜呜"的哭声，猎人急忙走了进去，看见他那心爱的孩子从床底下爬了出来。原来，有一只狼想要伤害这个孩子，狗为了保护孩子，和狼进行了一场搏斗，把狼给赶走了，孩子因为害怕，所以爬进床底下。猎人知道后痛哭不已，一条忠心耿耿的狗，竟然因一时冲动死在了自己的枪下。

可见，冲动是一切悲剧的根源。也许猎人的冲动只是使他失去了一条忠心的狗而已，而生活中有太多的人由于自己的冲动和抱负毁掉了自己的一生。

相关调查显示，这种由于一时冲动、怒火攻心而导致的犯罪案件已经远远超过了有预谋、有计划的犯罪案件数量。

第四章 人生箴言

此类犯罪嫌疑人普遍存在着思想偏激、报复和嫉妒心强烈、爱抱怨甚至仇视社会等共性。有时稍微受到外界刺激，他们便不能容忍，在一时的冲动之下，做出了傻事。

张伟和朱莉从小青梅竹马，他们两小无猜，郎才女貌，事业有成。他们在所有人的祝福声中走进结婚的殿堂，认识他们的人，无一不看好他们。但是，在婚后一年多，张伟出差时遇到了一个比他小两岁的王芳。王芳温柔漂亮有气质，也喜欢张伟的潇洒大方又多金。时间一长，二人就在一起爱得死去活来。

没有不透风的墙。不久，朱莉有些怀疑张伟，于是就偷偷跟踪过他。当朱莉发现真相后十分生气，但很快她就冷静下来，为了不失去张伟，她决定用智慧对付王芳，用温柔挽回张伟的心。然而，这样却换来了张伟的屡教不改，反倒有恃无恐。

一次，张伟甚至出手打了朱莉，看着他的眼神，朱莉终于明白，他已经不再是那个温柔的男人，也不再是那个曾经属于自己的男人。最后，朱莉彻底失去了理智，她心中强烈的冲动变成了实际行动，我得不到的东西，谁也别想得到。

走自己的路，从容选择你的人生

于是朱莉假装大方地说："我累了，我决定退出这场辛苦的战役。与其三个人都痛苦，还不如我退出。虽然我不想退出，但我只能放手。祝你们幸福！"

一番话说得张伟甚至有了和她破镜重圆的冲动，感动之余，他答应了她的请求，见一见王芳，让自己明白自己输在了哪儿。于是，三人在一家很高档的酒店里见面了。"果然很漂亮，可惜啊！"这样想着，朱莉把偷带进来的浓硫酸泼向了女王芳的脸……

朱莉确实是一个受害者，但己所不欲，勿施于人。她却没有再次控制好自己的冲动的情绪，并把自己冲动时的想法付诸行动。最终，王芳由第三者变成了受害者，自己却从受害者变成了犯罪者，得到了法律的制裁。

其实，冲动也是一种情绪。在正常情况下，我们的情绪受副交感神经系统和前额叶质层得影响，这时我们可以清晰、冷静地进行逻辑思考能够以最佳的状态运作。但是，在我们感到有威胁或情绪激动时，我们的交感神经系统和扁桃腺就会占据主导，大量的压力荷尔蒙被释放出来。前额叶质层关闭，我们变得又狭隘又短视，而且反应更趋原始和本

第四章　人生箴言

能。或战或逃的生理机制驱使我们去进攻，或赶紧逃走。但是，在我们需要思考的时候，这个区就不重要了。

的确，情绪往往是由于缺乏周密思考引起的，有许多问题的产生都是未经深思熟虑的结果。情绪，不仅是一种感情的表达，更是一种生存的智慧。所以不论怎样，我还是应该继续培养自己冷静、理智、心平气和的性情。当我们和别人发生矛盾争吵或是我们的同事和上司批评我们的时候，我们的身体就会助长这种或战或逃的反应，我们就会丧失理性和反思能力，而且在多数情况下，我们甚至都没有意识到这一点。但是，如果我们在我们冲动的时候，我们做一些理性的思考，我们体内的压力荷尔蒙就会消退。因此，当我们由于压力感到冲动的情绪要冲破体内而出的时候，我们深吸一口气，在心里数三个数，在慢慢呼出去，如此多做几次，你会发现自己的身体已经平静下来了。如果你还是感觉自己还是没有从冲动的念头走出来，你可以在心中默数10个数，把你所有的精力都放在数数的事情上。这样一来，你就会为自己争取了时间，不会把脑海里冲动的想法立刻付诸行动，等你静下心时，你冲动时的想法也就自然而然地消失了。

人在年轻的时候更容易产生冲动。因为我们年轻，我们

常常做事不经过大脑，很容易和别人争辩，钻牛角尖，辩得面红耳赤，辩得声嘶力竭，甚至恶语相加，大打出手，由此伤害了朋友之间的友谊，辜负了领导和老师栽培，得罪了一些本来不应得罪的人，为自己的成长和进步设置了很多不应有的障碍。过后自己静静地反思，品味与人接触的细节，终究有了冲动就是魔鬼的切身体会。

杨某与张某本是母子，母亲杨某改嫁后，跟随母亲生活的儿子张某总觉得母亲对继父的孩子更好，因此经常抱怨母亲，母子关系日益紧张。2007年2月13日，张某向母亲要钱买手机遭到拒绝后，一气之下将家里的"敌敌畏"农药投进了早饭中，其母、继父和继祖母吃过有毒的饭菜后很快昏迷。张某见状既害怕又后悔，赶紧拨打了急救电话，其母和继父很快脱离了危险，但继祖母却中毒身亡。20岁的张某因故意杀人罪被判处死刑。

不可否认，因为年轻时的悟性好、模样好、活力强，你会更容易得到朋友的青睐，同事的喜欢，老板的培养。但是因为你年轻鲁莽，降低了办事成功的概率；因为你年轻草率，降低了别人对你的信任值；因为你年轻爱冲动，让别人不愿接近

第四章　人生箴言

你。世界上没有后悔药，当你因为冲动，说了不该说的话，做了不可挽回的事，你就该为你的行为负责，无论这个责任你能否承担得起。譬如，前段时间发生的酒后驾车连环撞车事件，短暂的时间里，他由一个自由身变成了阶下囚，并给他人带来了无尽的伤害，这是他的本意吗？肯定不是。

随着年龄的增长、思想的成熟也会让你慢慢地远离不必要的冲动。还记得我姥爷在年轻的时候是那么的冲动，火说上来就上来了，随时都可能会发脾气，然后就是争吵，有时候甚至动手打人，在小时候我是很惧怕姥爷的。可是，在我参加工作后回老家看望我姥爷，我姥姥告诉姥爷不要出去打牌了，说他年龄大了，大脑不好了，打牌容易输钱，当时我真替我姥姥捏一把汗，我想这次肯定要吵架了。每想到我姥爷竟然笑着说：今天外孙女回来看我，我哪儿也不去。

青少年在成长的过程中，也要慢慢学会学会调节和控制自己冲动的情绪，这样，才可能随着自己年龄的增长慢慢成熟起来。当然，控制自己冲动的情绪并不是要压抑自己，不让冲动的情绪释放出来。心理学研究表明，"压抑"并不能改变冲动的情绪，反而使它们在内心深处沉积下来。当它们积累到一定程度时，往往会以破坏性的方式爆发出来，给

自己和他人造成伤害。比如我们常会看到一些"好脾气"的人，有时会突然发火，做出一些使人吃惊，或者让他自己也后悔的事来，这往往就是平时压抑的结果。同时压抑还会造成更深的内心冲突，导致心理疾病。

当我们受到外界刺激而冲动发火，做出种种不理智的行为时，我们可以通过自制的方法平静情绪，保持清醒和自主，这才是成熟的心灵管理。所谓懂得自制，就是学习一套适合自己的情绪处理方法，一旦看到被情绪袭击时，得马上自我保护，提醒自己它只不过是借软弱打倒理性的纯粹思维惯性而已，找适当的方法打散负面情绪的集中点，如运动、静心、瑜伽、看电影、做义工、搞创作、找知己倾诉，等等。你还可以及时给予自己暗示和警告。如当你感到怒气正在上升时，在心里对自己说：克制，再克制！或者默默地从一数到十。往往只需几秒钟、几十秒钟，你的心绪就能够平静下来，那时再去处理问题，就不会做出使自己后悔的事了。

当你发现自己的情绪马上要陷于失控时，立即深呼吸，并且将呼出的频率放缓，这个过程可以是你的音量降低，同时放慢语速，在呼气的时候你挺直胸部，这个过程可以有效的克制你的怒气的涌出。怒气你可以理解为是一股向上快速

第四章 人生箴言

升腾的能量,必须在它刚开始爆发的时候迅速找到平息的方法,所以,降低声音、放慢语速都可以缓解向上的爆发力,给大脑时间让情绪退潮。而胸部挺直,可以淡化紧张的气氛,这是因为情绪激动时人们通常都会胸向前倾,从而使自己的脸更接近对方,形成咄咄逼人的气势,挺直胸部不仅可以拉大和别人的距离,自己的肺部也会吸入更多的氧气来帮助大脑工作。基于这样的原理,愤怒的时候先深做呼吸,一方面能很好的控制住怒气,一方面也能暂时让你的嘴不太闲着,可以起到一举两得的功效。

最后,附上几句箴言,与大家共勉:"冲动之事,之于你我,皆为害事;冲动之时,呼吸放松,冷静处置。"

越成功的人越谦虚

　　一个真正成功的人，永远都明白自己身上的不足。不是因为他比别人逊色，而恰恰是因为他优秀，明白"天外有天，人外有人"的道理，懂得越多，也就越能够了解自己的不足。只有那些什么都只懂一点儿却又什么都不精通的人，才会总想着炫耀自己。

　　爱因斯坦是20世纪最伟大的科学家之一，他的相对论以及在物理学其他方面的研究成果，留给我们的是一笔巨大的财富。然而，就是这样的一个人在有生之年仍然不断地学习、研究。

第四章 人生箴言

有位年轻人去问爱因斯坦,说:"您老可谓是物理学界的泰斗了,何必还要孜孜不倦地学习呢?何不舒舒服服地休息呢?"爱因斯坦并没有立即回答他这个问题。而是找来一支笔、一张纸,在纸上画上一个大圆和一个小圆,对那位年轻人说:"在目前情况下,在物理学这个领域里可能是我比你懂得略多一些。正如你所知的是这个小圆,我所知的是这个大圆,然而整个物理学知识是无边无际的。对于小圆,它的周长小,即与未知领域的接触面小,他感受到自己的未知少;而大圆与外界接触的这一周长大,所以更感到自己的未知东西多,会更加努力地去探索。"

没有一个人能够有骄傲的资本,因为任何一个人,即使他在某一方面的造诣很深,也不能够说他已经彻底精通,彻底研究全了。"生命有限,知识无穷",任何一门学问都是无穷无尽的海洋,都是无边无际的天空……所以,谁也不能够认为自己已经达到了最高境界而停步不前,趾高气扬。如果是那样的话,则必将很快被同行赶上、很快被后人超过。

美国石油大王洛克菲勒说:"当我从事的石油事业如日中天时,每晚睡前我都会告诫自己,如今的成就还不值得一

提。在以后的路途中还有很多艰难险阻,稍不留意便会前功尽弃,切忌让自满的一年吞噬你的头脑,务必小心!"

越是有内涵、有修养的成功人士,态度就会越谦虚,只有那些浅薄、自以为是的人才会骄傲自满。

盲目骄傲自大的人如同井底之蛙,目光短浅,严重阻碍了自己前进的步伐。傲慢者可能会有点儿小才,但他井蛙窥天般的狭隘视线,会使他疏忽不断进取的重要性,也使他领会不到"不进则退"的内涵,逐渐变得无知、愚蠢,从而变得更加傲慢,这种恶性循环最终会贻误自己。

所以,切勿让骄傲支配自己的头脑。由于骄傲自满,人们会拒绝好意的劝告和帮助,会失去判断的能力。

一个真正成功的人永远明白自己的不足,打开自己的心胸,善于接纳更多的信息,永远明白自己身上的不足之处。以人之长,补己之短;有则改之,无则加勉。将傲慢的不良习性彻底抛在脑后,同时也不断地提升和完善自我。

第五章

做情绪的主人

第五章　做情绪的主人

不要显露你的情绪

几年前,"情绪能力"风靡一时,越来越多的人已经认识到智力或认知能力并不是人生唯一的财富。显得很聪明的人,最后却像乞丐一样可怜兮兮;高智商的佼佼者却没有一个朋友肯帮助他。

一个人情绪体验的程度和情绪反应的水平和模式也决定于他的情绪能力。情绪能力既是先天情绪素质的反映,同时也反映了后天的经历和胸怀。

人的情绪有两种——消极的和积极的,我们的生活离不开情绪,它是我们对外界正常的心理反应。美国密歇根大学

心理学家南迪·内森的一项研究发现，一般人的一生平均有十分之三的时间处于情绪不佳的状态。我们不能成为情绪的奴隶，不能让那些消极的心境左右我们的生活。因此，人们常常需要与那些消极情绪作斗争。

当紧急情况出现时，我们不知道该如何面对眼前发生的一切，常常会显得惊慌失措。遇到不公正待遇时，我们会据理力争，面红耳赤甚至暴跳如雷。这些都是我们下意识的反应，但这种反应却会给我们带来很多不便和麻烦。

无论我们表现出惊恐还是愤怒，这些不好的情绪都会使我们丧失理性，无法作出正确的抉择。这种不好的情绪还会影响到他人，使局面变得更加不可控制。为了避免出现这样的情况，我们在头脑中一定要强化一种意识，控制自己的情绪，不要随便表现出来。

当你遇到意外状况，不良的情绪会在瞬间产生，你就必须及时加以控制。你要在心里反复对自己说："冷静，克制。"此时，不良情绪会拼命挣脱你的束缚，如果没有强大的意志，恐怕很难掩盖住。

你不妨想想自己不好的情绪如果表现出来，会产生什么结果。如果会产生糟糕的结果，那么你能否控制住局面？

第五章 做情绪的主人

可以将所有可怕的结果都预测一遍。只要你还没有释放自己糟糕的情绪，局面还在可控制的范围之内。

如果环境还没有改变，那么你不妨再等上一分钟。在这一分钟里你可以深呼吸，转移自己的注意力，也可以想想将要发生的某件愉快的事。当你发现自己现在是个很幸福的人时，你就会觉得不好的情绪根本就不值得一提。

人们不仅要能够觉察自己的情绪，而且要能够觉察他人的情绪，理解他人的态度，对他人的情绪作出准确地识别和评价。这种能力对人类的生存和发展是很重要的，它使人们之间能相互理解，使人与人之间能和谐相处，有助于建立良好的人际关系。所以情绪智力首先表现为对自己和他人情绪的识别、评价和表达。也就是对自己的情绪能及时地识别，知道自己情绪产生的原因，还能通过言语和非言语（如面部表情或手势）的手段，将自己的情绪准确地表达出来。

在对他人情绪的识别评价和表达这种情绪智力中，移情起着主要作用。所谓移情，就是了解他人的情绪，并能在内心亲自体验到这些情绪的能力。

消极情绪不仅影响自己的表情和理智，也会影响他人对你的看法。《水浒传》中就有一段写杜兴的怒气的："只见杜兴

下了马,入得庄门,见他模样,气得涨紫了面皮,龇牙咧嘴,半晌说不得话。"然而,对于不同的人,同一种情绪可能同时具有积极和消极的作用。例如,恐惧会引起紧张,抑制人的行动,减弱人的神志,但也可能调动他的精力,向危险挑战。

客观情况也会赋予人所需要的急迫性、重要性等,也决定于人的心理状态,就像你在准备一场活动的时候,精力和注意力都很集中,脑力活动也会跟着紧张,紧张就会被周遭的环境情景所影响,一般来说,人的紧张心理与这场活动的积极状态是紧紧相连的,它引起人的应激活动,但过度的紧张也可能引起抑郁,引起行动的瓦解和精神的疲惫。这些情绪上的紧张和轻松都是情绪两极性的表现。

情绪的两极性还可以表现为激动和平静。强烈、短暂和爆发式的情绪表现都是属于激动的情绪,那时候人们在情绪上会有很大的变化,会变得激愤、狂喜或者绝望等等。所以人要从事持续的智力活动时,最好选在安静的情绪下进行。

除了情绪的两极性,人们的情绪还经常呈现出从弱到强,或由强到弱的变化,如从微弱的不安到强烈的激动、从快乐到狂喜、从微愠到暴怒、从担心到恐惧等等。情绪的强度越大,整个自我被情绪卷入的趋向就越大。

第五章 做情绪的主人

做情绪的主人

要衡量一个人的力量,必须看他能在多大程度上克制自己的情感,而不是他发怒时爆发出来的威力。因此,愤怒时,要思考一下:到底做情绪的主人,还在做情绪的奴隶?

人类有九大情绪,其中有一个是中性的,正面的情绪有两种,而其余六种都是负面的情绪。由于人的负面情绪占绝对多数,因此,人不知不觉就会进入不良情绪状态。我们只有把好的情绪充分调动出来,使大家经常处于积极的情绪当中。好的心情,使你产生向上的力量,使你喜悦、生机勃勃、沉着、冷静。大凡开心快乐、生活美好的人都是生活中自

我情绪的调控高手。他们是怎样做到的呢?

第一,爱人的心。世界的每个角落,我们都可以发现美的踪迹,在生命最轻微的呼吸中,我们也能够感觉到美的踪迹。一沙一世界,一花一天堂。这些美好的感觉,只有拥有一颗爱心的人才能够发现。因为他们拥有能够把爱心化为一种温情的力量,这种温情能够穿越冰山,融化冷雪,就如雨后的彩虹、冬日里的阳光一样,把美丽播撒到世界的每一个角落。拥有爱心的人,是世界上最有影响力的人。

第二,感恩的心。感谢命运,感谢生活。常怀感恩之心的人,会生活得很快乐。感谢那些用言语中伤你的人,因为他们让你学会坚强,学会在逆境中生存。感谢那些曾经欺骗过你的人,因为他们丰富了你的智慧。感谢那些否定你的人,因为他们磨炼了你的意志。用感恩的心看待世间之事,你的生活就如百花一样灿烂与芬芳。

第三,好奇的心。不满足是向上的车轮。人们为什么会不满足呢?是因为人们有好奇心,用好奇的心去探索,人生无论成长到哪个阶段,都不能丢失了好奇心,像个孩子一样去欣赏那些美妙的事情。好奇心让你敢于尝试,便会创造一些别人没有的机会。如果你不希望你的人生暗淡无光、索然无味,

第五章　做情绪的主人

那就保持你的好奇心，让你的潜能得到发挥。人生是一场永无止境的学习与探索，其中"好奇"是发现神奇的动力。

第四，热情的心。在一条起跑线上，当一声令下，你就要冲击目标，就要争分夺秒、把握时机、提速前进、排除万难，而拥有一颗热情的心会让你赢得时间、赢得主动，大获成功。热情具有强大的力量，它会为你的生活增色添彩，也会把你的困难的难度系数降低，甚至会将它化为机会。19世纪英国著名首相狄斯雷利曾说过这样的话："一个人要想成为伟人，唯一的途径便是做任何事都得抱着热情。"那你如何才能有热情呢？像拥有好奇心、爱心、感恩的心一样，你可以通过改变谈话的语气语调，有理、有力、有节，同时也可以通过改变思考问题的角度，以及有个长远的人生目标。如果不想你的人生浑浑噩噩地过去，那么就行动起来吧！从生活中的每一件小事做起，成功终将属于你。

第五，坚忍的心。做事情只有热情是不行的，你一定要具备一颗坚忍的心。做事"三分钟热情"的人常有，然而没有几个能够到达胜利的彼岸，多数都是浅尝辄止。其主要原因是，缺乏毅力。毅力能够决定我们在面对艰难、失败、诱惑时的态度，看你的毅力是否能够坚持到最后。如果你是

个很胖的人,想变得美丽,就得去减轻身上多余的负担;如果你的事业受挫,想重整旗鼓,就得从头开始,一步一个脚印;如果你想做好任何事情,那么你一定要具有毅力,做事情如果没有毅力做基石,那么你注定会失败。

毅力是你动力的源头,能把你推向任何想追求的目标。一个人做事是勇往直前或是半途而废,就看他们是否具有毅力的"情绪肌肉"。单单埋头苦干并不表示你就拥有毅力,你必须能够观察到现实情况的变动,并不失时机地改变自己的做法。

第六,变通的心。你要有一颗变通的心,它会帮助你更快地取得成功。根据目标作出相应的改变,是一种弹性的做事方法。一条小河的目标就是有朝一日能够融入大海的怀抱,所以它经历重重阻挠,绕过高山与岩石,又穿过森林和田园,一路奔腾,畅行无阻。可是当它来到沙漠时,却被困住了,因为无论它多么努力都无法越过沙漠,每次都是渗到泥沙之中。这时候,智者点醒了它,不要一味地向前冲,要学会利用一切优势,找到切实可行的办法,那样终会达成心愿。于是小河投入了微风的怀抱,蒸发了,化做轻盈的水汽。第二天,它又化做了小雨点,终于融入了浩渺的大海,

第五章 做情绪的主人

完成了它的心愿。要你选择弹性,其实也就是要你选择快乐。每个人在人生中,都会遇到诸多无法控制的事情,然而只要你的想法和行动能保持弹性,那么人生就能永保成功。

第七,自信的心。如果自己都不相信自己的话,那么将没有人相信你!

如果让成年人去造句,他一定会信心百倍地说出许多优美的句子,然而让初学造句的小学生来完成,他就要绞尽脑汁去思考,而且造出的句子也许还会出错,不尽如人意。人们往往对于自己做过的事情有信心,就是因为对这些事情不陌生,也不恐惧。

如果想对未做过的事情有信心,就要在自己的内心建立强大的信念,"我有信心把它做好,我自己是最棒的。"想想你为什么没有信心?是因为你的胆子不够大,不勇敢,怕失败?与其一个人担忧,不如把担忧的时间放在行动上,只要用心去做,不必考虑结果。正是因为你把心力放到了行动上,你往往会取得意想不到的成功。要记住,你因自信而美丽。

第八,快乐的心。快乐是人生的追求,要想让自己很容易变得快乐,你就必须有颗快乐的心。

有一只自悲的小蜗牛问妈妈说:"为什么毛虫和蚯蚓

走自己的路，从容选择你的人生

都没有壳，而我要背着这又重又硬的壳呢？"妈妈说："因为我们要这个壳来保护我们自己。"小蜗牛说："毛虫妹妹也没有，也走不快，为什么它却不用背着这个又重又硬的壳呢？"妈妈说："因为毛虫妹妹能变成蝴蝶，天空会保护它。"小蜗牛痛苦地说："我要是能飞该有多好呀！"小蜗牛又问："可是蚯蚓弟弟同样也走不快，为什么它不用背着这个又重又硬的壳呢？"妈妈说："因为蚯蚓弟弟会钻土，大地会保护它啊。"小蜗牛哭了起来："我为什么不能钻入土中呢？要是像蚯蚓弟弟一样能够钻土该有多好呀！"妈妈安慰它说："天空不能保护你，大地也不能保护你，所以你有壳保护着你呀！不要看到别人有的，要看到你自己所拥有的，你就会感觉到快乐，要快乐地面对生活。"悲观的小蜗牛知道了自己有壳而别人没有，开心地笑了。现在你知道什么是快乐了吗？拥有快乐的人，他的内心更多了一份坦然、达观，困难不能使他感觉到恐惧，也不会有挫败感，不开心的事情，也不会让他气愤。

第九，充满活力的心。保持一颗活力的心，首先要有一个健康的体魄；其次要保持有足够的精力。要想保持足够的

第五章 做情绪的主人

精力,就要多多加强体育锻炼。研究发现,人越是运动就越能产生精力。人在运动的时候可以让大量的氧气进入身体,让身体器官都能充分活动起来。另外,每天睡眠保持在6~7小时。保持富足的活力、控制良好情绪,是获得美好生活的必要因素。

第十,奉献的心。当你独自走在路上,有位迷路的阿姨向你投出求助的眼神,你会无动于衷吗?当公交车上老人步履蹒跚地从年轻的你身边走过时,你还会坦然地坐着吗?帮助别人不仅能够丰富你自己的人生,而且你的心里会有无限的满足与兴奋。一个能够独善其身并兼济天下的人,那才叫活出了人生的真谛。拥有服务精神的人生观是无价的,如果人人都能效法,这个世界定然会比今天更美好。你应该在努力学习知识的同时,拥有属于自己的那份自信,并通过无私的付出与拼搏,取得真正的成功,并获得永恒的快乐,你便会拥有这世界上一切美好的东西。

生活中许多事情不是像我们想的那么糟糕,只要我们能很好地控制自己的情绪,许多事情是可以由消极转化为积极的。我们要做的是成为情绪的主人,做一个更有思想、更理智的人。

走自己的路，从容选择你的人生

消极情绪有损健康

人的一生注定会经历很多开心或是不开心的事，我们往往会因为受到一些不良因素的影响后产生坏情绪。卡瑞尔博士说："在现代紧张的都市生活中，能够保持内心平静的人，才能免于精神崩溃。"对于出生在这个竞争激烈时代的我们，更应该学会自我调整自己的情绪，以便于可以更加健康的生活着。

英国伟大思想家欧文曾这样说："人类的幸福只有在身体健康和精神安宁的基础上，才能建立起来。"最美好的幸福和快乐需要建立在健康上面，一个失去健康的人即便是能

第五章 做情绪的主人

体会到快乐,可始终都会有些缺陷。一个人情绪的好坏,将直接影响到他的健康。俗话所说的"笑一笑十年少,愁啊愁白了头"也就是这个道理。心理学家、医师、高级神经活动学说的创始人巴甫洛夫说:"愉快可以使你对生命的每一跳动,对于生活的每一印象易于感受,不管躯体或是精神上的愉快都是如此,可以使你的身体发展,身体强壮。"

我们会经常遇到这样一些人,他们脾气十分的暴躁,似乎不愿意和任何人进行交往,就连对自己的亲人话语稍有些不投机,也会使这些人大发雷霆。导致这样行为的主要原因之一就是他们的情绪上出了问题,有可能是因为受到某些反面因素的影响,他们的情绪变得非常的糟糕,导致了他们暴躁脾气的产生。当事情发生后,如果能及时做出调整还好,要是不能将自己的态度调整过来,一直处于这种因为情绪引起的烦躁当中的话,就会对人的身体产生很大的危害。

科学家研究发现,不愉快的情绪会对人的身体产生以下几种损害:

第一,长色斑。在人生气的时候,血液会大量涌入头部,因此血液中的氧气就会减少,毒素便会因此而增多。而毒素会刺激毛囊,引起毛囊周围程度不等的炎症,从而出现

色斑。

第二，脑细胞衰老加速。大量的血液涌入大脑，会使脑血管的压力增加。这时血液中含有的毒素最多、氧气最少，对脑细胞的损害是极为严重的。

第三，胃溃疡。情绪不好会引起交感精神兴奋，并直接作用于心脏和血管，使胃肠中的血流量减少，蠕动减慢，食欲变差，严重时就会引起胃溃疡。

第四，心肌缺氧。大量的血液冲向大脑和面部，会使供应心脏的血液减少而造成心肌缺氧。心脏为了满足身体的需要，只好加倍工作，于是心跳更加不规律，对人体的危害也就更大了。

第五，损害肝脏。当人生气时，人体就会分泌一种叫"儿茶酚胺"的物质，作用于中枢神经系统，使血糖升高，脂肪酸分解加强，血液和肝细胞内的就会相应增加。

第六，引发甲亢。生气令分泌系统紊乱，使甲状腺分泌的激素增加，久而久之，便会引起甲亢。

第七，伤肺。情绪冲动时，呼吸就会变得急促，甚至还会出现换气的现象。肺泡不停扩张，没时间收缩，也就得不到应有的放松和休息，从而危害肺的健康。

第五章　做情绪的主人

第八，损害免疫系统。生气时，大脑会命令身体制造一种由胆固醇转化而来的皮质固醇。这种物质如果在身体内积累过多，就会阻碍免疫细胞的活动，使身体的抵抗力下降。

坏情绪对人身体健康的影响还不仅仅只是这些，在精神上也会给人很大的损害。总而言之，坏情绪对人是没有一点儿好处的，如果想生活得更加健康快乐，我们一定要克制坏情绪的发生，时刻保持快乐的心情，凡事都要以轻松的态度去面对。

走自己的路，从容选择你的人生

保持积极情绪

当我们的人生遇到一点儿挫折时，你是否就容易自怨自艾呢？当面对失败挫折的时候，你是不是觉得自己比谁都可怜呢？千万不要无病呻吟！没错！绝不能这么没事找事做。人是一种奇怪的生物，他们的心态总是在不知不觉的情况下就发生了微妙的变化，只要我们时常保持乐观，就会觉得无时无刻无论做什么事都很顺当，不要老是以悲观的心境看待所有的事，俗话说"笑一笑，十年少"。

美国著名家庭经济学家海伦·科特雷克研究发现，负性情绪影响体内营养素的吸收利用。他还发现，经常在紧张状

第五章 做情绪的主人

态下生活的人，心跳会加快，血流会加速。这种大负荷的运行，必然消耗大量的氧和营养素。人体的器官如果长期处于紧张的状态下，特别是全身肌肉老是紧张不能松弛下来，那么人体的消耗会比平时多出1～2倍营养素和氧的同时，又会产生比平时多得多的废物。要排除这些废物，内脏器官得加紧工作，又必须消耗氧和营养素，从而造成恶性循环。

长时间处于抑郁中的人，会因为中枢神经系统指令传导受阻，导致胃中消化液分泌大量减少。缺少消化液对胃壁的刺激，人的食量会锐减。就算我们勉强地进食，也会出现胃中胀满和腹泻的情况，从而使得营养素穿肠而过，人体吸收的营养所获甚少。由于消化液减少，缺乏消化酶对营养素的分解化合，有时虽不发生腹泻，亦难使营养素在体内消化吸收。另外，由于体内营养素缺乏，身体会发生种种生理不适，而这些生理不适，又会加重其心理不适，使抑郁更为严重，从而造成恶性循环。

人在烦恼时，可使意志变得薄弱，判断力、理解力降低，甚至理智和自制力丧失，造成正常行为瓦解。烦恼和恐惧不仅使心灵饱受煎熬，同时它还会摧毁人的肌体。所以，不要以为烦恼只是一种单纯的情绪。

走自己的路，从容选择你的人生

流行病学的研究成果显示，紧张的生活事件，如当我们在面临战争、迁居到不同社会文化和地理环境中、生活方式和社会地位的改变等一系列紧张生活事件，会导致高血压、溃疡病等身心疾病的发病率明显增加。心理学家曾经发现，很多妇女在失去丈夫六个月以后，她们冠心病的发病率会比正常妇女整整高出六倍。

我们把两只同窝的羊羔放在温度、湿度、阳光、食物相同的条件下生活，可是我们在其中一只羊羔旁拴着一只狼，让它无时无刻都能看到这只狼，你猜会有怎样的结果？那只没有看到狼的羊依然健康的生长，而且越长越好，可是另一只羊却因为一直处于一种极度恐惧中不思进食，长年累月慢慢地它逐渐消瘦而死掉了。

愤怒会使人体内分泌系统功能失调，胃中消化液分泌过多，超过生理所需。多余的胃液较长时间侵蚀胃黏膜，会引起左上腹灼热难熬，影响进食，还为胃及十二指肠种下祸根。当胃中因消化液过多引起炎症或溃疡后，消化液对胃黏膜的刺激症状加重，进食就更少，体内营养素缺乏就更为严重，从而形成恶性循环。

经常有负性情绪的人，身体会受到紧张、恐惧、愤怒这

第五章 做情绪的主人

三种恶性循环的侵害。尽管有的人尚能进食一些含高营养素的食物，但终因消化吸收利用受限，难以获得健康的体质。

在第二次世界大战中，大不列颠健康服务中心的一份报告显示，长期居住在炮火袭击的伦敦中心的市民罹患胃溃疡的比例增加了50%。所以，科特雷克告诫人们，保持健康良好的情绪，有利于身体对营养素的吸收利用，这也是生命科学的新见解。积极的情绪有助于人们积极进取、获得成功，而消极情绪则在你成功的路上设置种种障碍，阻挡你前进。释放积极情绪和调控消极情绪，能保持自己生命的健康成长，激励自己踏上成功的人生之路。

走自己的路,从容选择你的人生

调动自己的积极情绪

一个人只有能够成熟地控制自己的情绪,才能最终走向成功,所以我们必须要学会调动自己积极的情绪,学会控制自己消极的情绪。

一次官司中,在法庭上,律师走到洛克·菲勒面前拿出一封信问他说:"先生,你收到我寄给你的信了吗?你回信了吗?"

洛克·菲勒斩钉截铁地回答:"信收到了!但是,没有回信。"

然后,律师又回到自己的位置上拿出二十几封信,并

第五章　做情绪的主人

——询问洛克·菲勒这些信的来历和他是否给予回信。可是洛克·菲勒都用相同的态度和表情做出了相同的答案。于是律师有点压抑不住自己的情绪，就暴跳如雷地开始咒骂起来。

作为一个律师都不能正确地控制好自己的情绪，并在法庭上失控使自己自乱阵脚，最终的结果可想而知，法官判洛克·菲勒胜诉。

所以保持好自己的情绪是至关重要的，不管是在我们以后的工作或者生活中，我们都要面对不同的环境、不同的对手。

研究者曾经做过这样的一个实验，让一群儿童依次慢慢地走进一个空荡荡的什么也没有的房间，然后只在房间最显眼的位置为每一个孩子放上一颗好吃的软糖。这时候测试的老师会告诉他们，谁可以坚持到老师回来都还没有把糖吃掉的话，那等老师回来的时候就会再给他一颗，但是如果还没等老师回来就把糖吃掉了的话，那就没有奖励，只能得到你吃掉的那颗了。

一段时间过去了，当那个测试的老师再回来的时候发现，有很多的孩子没有自我控制的能力，只要大人走开了，他就会经受不住糖的诱惑而把它给吃掉。但是老师又发现，

另外有一些孩子，他们尽量克制住了自己，一直记得老师说过的话，只要坚持一小会就能得到更多的糖，可是糖对孩子来说始终还是比较有诱惑性的，这怎么办呢？能控制住自己的那些孩子很聪明地想到了分散自己的注意力，他们有的蹦蹦跳跳，有的干脆离开位置去旁边玩耍，始终坚持不看那颗糖，只要不看欲望就会降低。所以最后他们坚持下来了，老师也遵守承诺给了他们第二颗糖。

接着，研究者又把能经受诱惑的孩子和不能经受诱惑的孩子分为两组，而且分别对他们进行了长期的深入跟踪调查。结果让人很是惊讶，两组孩子在长大以后，曾经经受不住诱惑的那组孩子不论是地位还是成就都远不及经受住诱惑的那些孩子。这个研究表明，只要是小时候自控能力差的孩子不管他的智商有多高，以后出入社会成功的概率都很小，而那些小时候自控能力很好的孩子，尤其是懂得转移注意力来控制自己欲望的孩子，往往在以后的人生道路上都能好好地把握住自己并成就一番事业。

一个人的非智力心理素质是非常重要的，往往在决定人生成败方面，智力因素常常是排在第二位。高情绪智商的

第五章　做情绪的主人

人，必须是一个可以成熟地控制住自己的情绪和情感的人，所以他具备了调节别人情绪的能力。如果一个人想要控制情绪，毋庸置疑他就必须要先花时间去了解情绪是什么，了解怎样才能更好地控制情绪。

情绪本身具有两极性。就像是积极和消极的情绪，亦或者激动与平静的情绪等等。而且它们表现的形式多种多样，各种不同的情绪表现形式，都可以用来作为度量情绪的一个尺度，比如说情绪的紧张度、情绪的激动度、情绪的快感度等等。诸如此类的情绪都会有一个强弱的程度体现。

其中积极和消极的这两种情绪就是两极性中最典型的表现。积极愉快的情绪能使一个人充满自信，从而努力工作奋斗；而消极的情绪悲伤郁闷，只会降低人的行为效率。一般来说，情绪的两极性表现为肯定和否定的对立性质。比如，满意和不满意、愉快和悲伤、爱和憎等等。而每两种相反的情绪中间，又存在着许多程度上的差别，具体表现为情绪的多样化形式。

虽然两种情绪处于明显的两极对立状态，可是它们却可以在同一个事件中同时或者相继出现。举个例子来说，就像是一个儿子在保卫祖国的时候不幸牺牲了，作为他的父母既

体会到这位英雄为国捐躯的荣誉感,又深切地感受到丧子之痛。同样,对于人来说,同一种情绪也可能同时具有积极和消极的作用。恐惧的情绪常常会使人紧张、抑制人的行动、减弱人的正常思维能力,但同时也可能调动他的潜力,促使他向危险挑战。

情绪的两级性还有一种表现,那就是紧张和轻松。然而紧张的情绪总是会在一定环境和情景下发生的。客观情况赋予人需要的急迫性、重要性等,人们在这种时候就极易产生紧张情绪,当然也不是全部的人都会是这样,紧张的情绪也取决于一个人心理状态。如脑力活动的紧张性、注意力的集中程度、活动的准备状态等。

一般情况下,紧张能对人的活动积极状态产生很大的影响,它可以引起人的应急活动,对活动起着有利的作用。但是过度的紧张可不是什么好的兆头,它可能会使人产生厌恶、抑制心理,严重的话还会导致行为上的瓦解和精神的疲惫,甚至崩溃。

情绪的两极性还可以表现为激动和平静。爆发式的激动情绪强烈而短暂,如狂喜、激愤、绝望等。而平静的情绪状态在人们的日常生活中占据着主导地位,人们就是在这种状

第五章 做情绪的主人

态下，从事持续的智力活动的。

作为情绪两极性的一种表现方式，情绪的强弱变化也异常明显。情绪变化的强度越大，自我受情绪影响的趋向就越是明显，它经常呈现出从弱到强或由强到弱的变化状态，如从微弱的不安到强烈的激动、从暗喜到狂喜、从微愠到暴怒、从担心到恐惧等等。

走自己的路,从容选择你的人生

善于控制情绪

想要改变自己的命运就从控制自己的情绪开始吧！不要总是抱怨自己是怎样的不幸福，自己是怎样的受委屈，自己是怎样的忧虑、担心。因为比你不幸福的人还有很多很多，没有一个人天生就注定是不幸福的，除非你把自己的心门给关上，把幸福拒之门外。好好把握住幸福的机会吧，千万不可做个喜怒无常的人，让自己的心理状态完全被情绪左右，那样伤害的不只是别人，你自己也会因此失去拥有幸福的机会。

保持好自己的情绪是至关重要的，不管是在我们以后的工作或者生活中，我们都要面对不同的环境，不同的对手。

第五章 做情绪的主人

如果我们在对手面前不能很好的控制自己的情绪,就有可能使机会与我们擦肩而过。

美国早期大概是20世纪60年代的时候,有一位曾经做过大学校长的人来竞选美国中部一个州的议会会员,当时他是最有希望能赢得这次选举胜利的,一只脚已经算是走进了议会大厅,这并不是有什么所谓的潜规则,他资历很高,又精明能干、博学多识,可谓是当之无愧。就在所有人都认为这件事基本上已经是板上钉钉子的时候,一个谎言把这一切都颠覆了。

据说在三年前,这个州的首府在进行教育大会选举的时候,他曾跟一位年轻的女教师有那么一点儿"暧昧"的行为。其实这个谎言被爆料本身对选举是没有很大影响的,可是这位候选人在发生这件事之后不是冷静的面对大众并对此事作出合理解释,解决这个问题,而是立刻就发怒,很激动的为自己开脱。由于按捺不住对这次事件的怒火,所以在以后的每一次集会中,他想方设法的站起来澄清事实,拼命想证明自己的清白。其实他这样的举动无疑是此地无银三百两。原本大多数的选民根本就没把这件事当成一回事,大家

走自己的路，从容选择你的人生

都不是很在意的，可是他这样再三反复强调，极力辩解，却反而让人们相信有那么回事了。很多公众都表示，如果他是无辜的，他完全没有必要这样百般的为自己辩解。

民众的支持率越来越低，简直是对此事起了一个火上浇油的作用，所以这位候选人的情绪也因此变得更坏。气急败坏的他声嘶力竭地在各种大小场合中为自己辩白，并且打击谴责谣言的传播者。原本是一件小事，这样一传十，十传百，大家都把这个谣言信以为真。这些都不算什么，最悲哀的是，他这样的解决方式再加上流言的散播使得他的妻子也开始慢慢地相信了这个谣言，和他的关系也逐步走向恶化。

最后的选举结果大家都心知肚明，他由于没有很好的控制住自己愤怒的情绪而失败了，并且因为这件事从此变得一蹶不振。

科学家们发现，消极情绪对我们的健康十分有害，经常发怒和充满敌意的人很可能患有心脏病，哈佛大学曾调查1600名心脏病患者，发现他们中经常焦虑、抑郁和脾气暴躁者比普通人高三倍。因此，可以毫不夸张地说，学会控制你的情绪不仅是你职业和事业的需要，也是你生活中一件生死

第五章 做情绪的主人

攸关的大事。

　　加州大学心理学教授罗伯特·塞伊认为，日常的饮食、健康水平及精力状况，甚至一天中的不同时段都能影响我们的情绪，我们不能忽视它们与身体内生物节奏（身体内在节奏就是我们通常所说的人体生物钟规律）之间的关联，而把自己的情绪变化都归因与外部发生的事。

　　生理学家和心理学家经过长期的实践和临床研究认为，大脑里的一种激化酶的增减数量和活跃程度高低决定了情绪的变化。人的大脑记忆力和情绪与时间有着极其密切的关系，激化酶的数量越多越活跃，人的精力就越集中，情绪就越好。

　　在我们的日常生活中我们每个人在每天的24小时内人体生物钟有三个明显的波动曲线，最佳的波峰值时间段为：上午9：00—10：30、下午3：00—4：15、晚上7：40—9：00。而从一周内来看的话生物钟周期最佳时段是前两天，接着中间三天降到最低点，在最后一天出现最高值。

　　所以，我们要尊重并善于利用生物钟规律，我们做计划、思考和讨论重要的问题、处理重大事务、会见重要客户的时候，我们要选择在情绪和心情最好的时间段；而当我们

在处理一些琐碎的工作事项，稍事休息，养精蓄锐的时候则选择在生物钟低潮时段来处理。

在谈判时，当谈判对手处在人体生物钟最低点的时间段上，对于谈判来说可能就是最为糟糕的选择，这时谈判起来难度大，失败频率就高；当我们准备向上司汇报自己的方案时，最好选择上司生物钟的最佳时段，这样我们的建议或请示就可能容易通过。所以弄清并利用生物钟现象不仅可以帮助自己调整情绪，而且还能够帮助我们认识与把握他人的情绪波动规律，避免造成不必要的麻烦与损失。

在平时工作中，偶尔加班熬夜，过一天就会很快调整过来，如果频繁熬夜，就应该引起足够的重视了，熬夜带来的不良情绪可能会抵消你加班带来的工作效果。所以我们要保证充足的睡眠。尊重生理规律，以免导致精神萎靡不振，免疫力下降，精力不集中，记忆力减退的状况。从而使我们的情绪受到影响，老是莫名其妙地发火、烦躁等。

有一次，美国前陆军部长斯坦顿怒气冲冲地去找林肯告状，说是有人对他进行了人格侮辱，指责他护短。林肯听了以后很平静地教了他一个方法，让他写一封尖酸刻薄的信回敬给羞辱他的人，并且臭骂那个人一顿。

第五章 做情绪的主人

斯坦顿也真的很听话,当即就写了一封措辞强烈,充满火药味的信。林肯看了这封信以后对斯坦顿大加赞赏,夸他这封信写得好,一定会把那个人骂得狗血喷头,也狠狠地给了他一次教训。于是,斯坦顿随即把信叠好装进了信封,可是林肯却在这个时候叫住了他,不让他去寄信。斯坦顿郁闷地看着林肯,很想知道这是为什么,这主意明明是林肯给他出的,可是现在他却又不让寄出,这不是自己打自己的嘴巴吗?但是林肯却说了这样一番话:"这封信你不能发,快把它扔到火炉子里去。当别人激怒我或侮辱我的时候,我都是这么做的。你写了这封信不是已经解气了吗?如果还有气,那么就把这封信烧掉,再写一封!"

如果今天你的心情好,你会觉得做什么都顺心,也会让周遭的人感受到你的这份心情跟着你高兴,但如果你心情很差,你会发现做什么事都不顺利,老是碰壁出错。所以一个人的情绪好坏也会影响到别人。一个人要想影响别人,首先要能够控制自己的情绪,不要让自己的坏情绪影响别人的情绪,最后影响工作。现在是知识经济时代,人的感情越来越丰富,人读书越多,感情越丰富,越需要在情商上能够和别

人互动。

在现代社会里,越来越多的人已经认识到智力或认知能力并不是人生唯一的财富。显得很聪明的人,最后却像乞丐一样可怜兮兮;高智商的佼佼者却没有一个朋友肯帮助他。

一个人情绪体验的程度和情绪反应的水平和模式也决定于他的情绪能力。情绪能力既是先天情绪素质的反映,同时也反映了后天的经历和胸怀。

奥尼尔能到公司的顶层做一位才华横溢的销售经理,他的能力是人们公认的。

有一次销售主管要求奥尼尔在董事会上发表自己对重新组织直销这一问题的意见。重新组织直销其实是销售主管的旨意,奥尼尔不能反驳,所以他只能在开会前先私下与可能会受到影响的几个部门进行接触,了解他们的看法。从而做出既能够适应有关各方的既定利益,而又不至于牺牲他的整个目标的方案。可是当开会时他提出了自己的意见后,财务主管就对此提出了尖锐的批评。这令他感到措手不及,财务主管当众指出了奥尼尔的建议中存在的成本上升财务的漏洞,并提出了自己的成本削减方案。这些是奥尼尔未曾料及

第五章 做情绪的主人

到的，他虽然感到非常沮丧，可是却始终保持冷静的心态去面对，并对财务主管提出的问题进行了说明和解释，列举了在当前或未来采纳自己建议的一些有利条件。很不幸的是他的建议最终还是被董事会否决了。经历失败后的奥尼尔并没有一蹶不振，而是反思了自己失败的原因。并决定在小范围内对自己的建议进行试验，这样做，一方面可以对他的建议进行检查和验证；另一方面又不必支付不适当的成本。

哈雷也是一位很有能力的经理。在改善公司的产品分销的效率和效力方面，他是一个思路敏捷、雄心勃勃和办法很多的人。

哈雷的主管要求他在董事会上表达自己的观点。哈雷充满激情和热忱地发表了自己的建议，他在任何时候都毫不掩饰地直接流露出自己的热情。但不幸的是，销售和市场主管以及财务主管否定了他的建议。因为他的建议听起来成本太高，而且与新的市场营销战略相冲突。哈雷被他们的否定打蒙了，他精神恍惚地走出会议室。当他回想自己所受到的打击时，心中的怒火越来越大，他固执地认为，在这个公司

里，任何一个拥有新想法的人都没有生存空间。他开始玩弄权术，试图对董事会中那些看上去不能"接受"他的观点的成员发起攻击。很快，他成为孤家寡人，被别人从重要的决策过程逐出。不久，他的一个重要的晋升机会被拒绝，于是他非常恼怒地辞职了。他在这家公司里的职业生涯以失败告终。

哈雷与奥尼尔不同是，他对他人的意图总是视而不见，面对事情的时候从不冷静细致地检查，而是立刻得出情绪化的破坏性结论，这些结论让他产生极大的恼怒，从而让自己的情绪控制住自己。他老是给自己很多的假设，而自己又无法跳出那些假设去看待问题，所以让他一直无法摆脱消极情绪的影响。最后导致他落得一个众叛亲离的结果。其实他本来是可以利用自己热情洋溢的品质博得大家的欢心，吸引更多的支持者，可是却因为自己的个人情绪使自己不得不陷入毫无益处的冲突中。

在现实生活中也是一样的，很多大的企业在对一个职位进行候选人的考评时，考核的标准大多都是注重学历、文凭、技术、经验，以及口头表达能力等这样一些外在的因素。可是他们从来没有想过清晰缜密的思维和解决问题的能

第五章 做情绪的主人

力的分量绝不亚于优秀的写作能力、语言表达能力和交流能力。在某些特定的领域里，拥有某些特殊的智力天赋必然重要，但是拥有人际关系和个人内心的技能更是事业成功必不可少的条件。而且拥有这些情商智力才能更好地把我们的事业巩固好和持续好。也许你觉得这样说是没有根据的，但是心理学上的确就管理者必须拥有与他人共事和管理他人的这一能力做过一项调查研究。

研究表明，在所有最终获得成功的人中，高智商的人所占的比例仅仅为10%左右。这足以说明，情绪控制能力对于我们在达成联合、处理冲突、解决危机，以及保持平衡和实现均衡方面都起着举足轻重的地位。

那些缺乏情绪控制能力的人往往很多会被淘汰出局，相信你在现实生活中也早已司空见惯了。不过那些缺乏情绪控制能力的人也不要因为自己缺失就感到气馁，因为情绪控制能力是能够通过学习而掌握的。并不是说你情绪控制能力不好就无法补救，就注定你不能成功。

种种迹象表明，能调很好控制自己情绪的人获得成功的几率往往要比那些满腹经纶却不通世故的人高出很多，所以，控制好自己的情绪是一个人成功的重要因素之一。

走自己的路，从容选择你的人生

　　那么，我们应该怎么管理我们的情绪呢？想要控制自己的情绪化行为就必须首先承认自己的情绪弱点。每个人的情绪都是不同的，所以情绪对于我们来说有利又有弊。只有认清自己的情绪，正确认识自己的情绪，不回避它，不要对它视而不见，在承认的基础上再去认真分析使自己的情绪起伏不受控制的原因，才能对症下药找到好的办法去克服，随时做到提醒自己，不要放纵自己。

　　其次，是要控制自己的欲望。人的情绪化行为，大多数都是来源于自己的欲望和需要得不到满足而产生的，当你的功利行为不能得到满足的时候，行为就会变得简单、浅显。这样会使你产生短视、剧烈的反应。产生这样的情绪化行为其实也是很正常的，毕竟每个人都有其自己的欲望，但当期望过大或得不到满足时，我们不如降低一下过高的期望，正确看待"索取与贡献、获得与付出"之间的关系，这样才能防止盲动的情绪化行为。

　　再者，我们要学会正确认识、对待社会上存在的各种矛盾。看问题要全面的观察，多看主流、光明和积极的一面。这样我们会觉得自己的生存其实是有意义和有价值的，让自己乐观一点，不但能增加克服困难的勇气，还能增加自己的

第五章 做情绪的主人

希望、信心,这样的话就算在这过程中我们遇到再严重的挫折也不会气馁,不会打退堂鼓。

最后,我们要学会正确释放、宣泄自己的消极情绪。当一个人处于困境和逆境的时候就会很容易的产生一些不良的情绪,而这种情绪如果长期不能释放出来一只压抑着,那就会产生情绪化的行为,甚至更严重的后果。所以,有的时候我们还是很有必要将消极情绪适时地释放、宣泄。怎样去释放呢?譬如,找朋友谈心,找一些有乐趣的事情干,从中去寻找自己的精神安慰和寄托。但是不可对自己的情绪毫无限制,或对释放的方式毫无顾忌,不加控制和选择。

走自己的路,从容选择你的人生

管理消极情绪

认识情绪,进而管理情绪现在已经成为了我们必须要正视的课题,因为人的情绪体验是无时无刻无处不在的,在我们的日常生活、学习工作中,总是会莫名其妙地遭受到情绪的侵袭,这些情绪有积极的,也有消极的,当我们在面临情绪波动起伏的时候,怎样做才是对我们更有利呢?

情绪是一个人对所接触到的世界和人的态度以及相应的行为反应,换句话来说情绪就是快乐、生气、悲伤等心情,情绪的波动不但会影响到一个人的想法和决定,而且会引起一系列的连锁反应即生理反应。我曾经在《牛津英语词典》

第五章 做情绪的主人

上看到过这样一句话:"情绪是心灵、感觉、情感的激动或骚动,泛指任何激动或兴奋的心理状态。"

简而言之,我们的情绪粗略能分为愉快和不愉快两种经验。愉快的经验是指:喜悦、快乐、积极、兴奋、骄傲、惊喜、满足、热忱、冷静、好奇心和如释重负等等。而不愉快的经验是指:失望、挫折、忧郁、困惑、尴尬、羞耻、不悦、自卑、愧疚、仇恨、暴力、讥讽、排斥和轻视等等。这两种经验又可以分为合理的情绪与不合理的情绪两种。

积极良好的情绪,能保持人的精神与躯体的健康,短暂的消极情绪不会对健康造成不利影响,但长期消极和不愉快的情绪,就会对人的健康带来损伤,严重的甚至引起疾病。所以人的情绪与肌体的健康有着极其重要的关系。

美国著名家庭经济学家海伦·科特雷克研究发现,负性情绪影响体内营养素的吸收利用。他还发现,经常在紧张状态下生活的人,心跳加快,血流加速。这种大负荷的运行,必然消耗大量的氧和营养素。人体的器官如果长期处于紧张的状态下,特别是全身肌肉老是紧张不能松弛下来,那么人体的消耗会比平时多出1~2倍营养素和氧的同时,又会产生比平时多得多的废物。要排除这些废物,内脏器官得加紧工

作，又必须消耗氧和营养素，从而造成恶性循环。

长时间处于抑郁中的人，会因为中枢神经系统指令传导受阻，导致胃中消化液分泌大量减少。缺少消化液对胃壁的刺激，人的食量会锐减。就算我们勉强地进食，也会出现胃中胀满和腹泻的情况，从而使得营养素穿肠而过，人体吸收的营养所获甚少。由于消化液减少，缺乏消化酶对营养素的分解化合，有时虽不发生腹泻，亦难使营养素在体内消化吸收。另外，由于体内营养素缺乏，身体会发生种种生理不适，而这些生理不适，又会加重其心理不适，使抑郁更为严重，从而造成恶性循环。

有些人遇到失败时，心理状态很差，处于自闭状态，心里好像有千斤巨石压着。脾气也变得越来越古怪，易怒，难以控制情绪。有时甚至觉得周围的一切都不真实，好像在梦中一样，无法像往常一样的笑，也无法正常地和家人、朋友相处。郁郁寡欢，与外界隔离，漠不关心，经常莫名伤感，甚至流泪。觉得与他人格格不入。内心总是莫名地烦躁不安，常因一些微不足道的小事与别人发生争执，情绪波动很大，即使明知自己不对也无法自制。不知如何管理自己的情绪。

其实，情绪变化往往会在我们的一些神经生理活动中表

第五章 做情绪的主人

现出来。比如,当你听到自己失去了一次本该到手的晋升机会时,你的大脑神经就会立刻刺激身体产生大量起兴奋作用的"正肾上腺素",其结果是你怒气冲冲,坐卧不安,随时准备找人评评理,或者"讨个说法"。情绪控制,对人生有非常大的帮助。一个人真的想有所成就的话,就要有情绪调控的能力。

情绪是来自人们对客观事物的评价,消极信念会导致不良情绪体验,用积极的眼光看问题,就能获得愉快体验。不良情绪体验会有很多原因所引起的。遭受失败后,出现了不良情绪也是非常正常的现象。但是,持续受不良情绪困扰,又不能客观、理性地对待,不懂得如何调节与释放,而只是从悲观的、不利的角度思考,不良情绪体验便长久挥之不去,积郁成心理疾病。

我们每个人都渴望万事如意,但是,人生不如意事十之八九。每个人都不可避免遭受各种各样的挫折,挫折并不可怕,重要的是,我们要有一份坦然面对挫折的心态。

遇到不愉快的事情时,不要自闭,要学会倾诉,把自己郁积的消极情绪倾诉出来,以便得到别人的同情、开导和安慰。哭也是一种较为可行的宣泄方法,短时间的痛哭是释放

不良情绪的最好方法,是心理保健的有效措施。如果怕别人知道,躲起来哭一场或者是无声痛哭都可以。吃零食,用食物与嘴部皮肤接触来消除内心的压力,嗅香油,通过刺激或平复大脑边缘系统神经细胞,舒缓神经紧张,缓解压力。另外,还可以通过体育运动、散步、呐喊等方法宣泄不良情绪。当然,也可求助心理咨询,通过认知治疗、精神分析等各类心理疗法来排解不良情绪,提高管理和控制情绪的能力。

所谓成功的人,就是心理障碍突破最多的人,他们预期会得到人生中最糟糕的结果,而且事实也确实如此。奥地利心理学家阿德勒是一名钓鱼爱好者。一次,他发现了一个有趣的现象:鱼儿在咬钩之后,通常因为刺痛而疯狂地挣扎,越挣扎,鱼钩陷得越紧,越难以挣脱。就算咬钩的鱼成功逃脱,那枚鱼钩也不会从嘴里掉出来,因此钓到有两个鱼钩的鱼也不奇怪。

用积极的心态看问题就会产生乐观的情绪;看问题的消极方面,就会产生悲观的情绪。但相当多的人不由自主地会选择悲观,所以必须学会控制自己的注意力以个人或多或少都会有各式各样、大大小小的心理障碍。

美的公司,也没有过完美的个人,关键是把人的注意力

第五章　做情绪的主人

放在哪里。是去注意优点，还是注意缺点。把注意力放在问题的不同方面，常常会得出不同的结果，对人产生不同的情绪。看问题的积极方面，可。在消极思维者眼中，玻璃杯永远调控自己的情绪。在人生的整个航程中，消极思维者一路上都晕船，无论眼前的境况如何，他们总是对将来感到失望会从嘴里掉出来，因此钓到有两个鱼钩的鱼也不奇怪。在我们嘲笑鱼儿很笨的同时，阿德勒却提出了一个相似的心理概念，叫做"吞钩现象"。过失和错误，这些过失和错误有的时候就像人生中的鱼钩，让我们不小心咬上，深深地陷入心灵之后，我们不断地负痛挣扎，却很难摆脱这枚"鱼钩"。也许今后我们又被同样的过失和错误绊倒，而心里还残留着以前"鱼钩"的遗骸。这样的心理就是"吞钩现象"。"吞钩现象"使人不能正确而积极地处理失误，自责和企图掩盖失误，造成难以磨灭和不可避免的重复的伤痕。我们都有过"吞钩现象"，只不过连我们自己都不愿意承认罢了。

在失败的阴影下，很多人对这个世界的信心会瞬间崩溃，突然之间就遭受到失败的打击，那后面想必一定还会有更多无法预期的危机正向我们走来。这是恐惧感之所以会散播的原因之一，失败后的恐惧情绪会唤醒我们童年时一些恐

怖的记忆,让我们想起那种被怪兽追打,想逃却无处可逃的无助时期,所以想要打败失败的情绪我们就要重新认识失败,这样有助于我们减轻这种恐惧感,从某种意义上来讲,也就是看清失败的益处。很多人之所以最后会被失败搞得一败涂地,就是因为很多人在面对失败的时候他们总是设法去回避失败,逃避现实,甚至严重的还会波及他人,将这种恐惧情绪散播给别人,却没有人会想,我们要主动要求失败,他们看不清,其实失败也未尝不是件好事。